遺伝子命名物語

名前に秘められた生物学のドラマ

坪子理美
英日翻訳者

石井健一
生物学研究者

742
中公新書ラクレ

目次

第4章　シリーズ

本文DTP／今井明子

はじめに

人は古来、多くのものに名前をつけてきた。食物や地形、色、空模様など、暮らしに関わる事物を名前で呼びわけ、子供やペットの名づけに思いを込める。企業や国家といった集合体や、命を持たないはずの道具や玩具にも、名前をつけることで何かが宿るように感じられる。

科学の世界では、命名が新たな発見を世に伝える上で大きな役割を果たしてきた。未知の元素、未知の天体、未知の自然現象。それらは名前を与えられることによって既知の存在へと変わる。かつてばらばらに観測されていた現象が、一つの名前の下にまとめられ、知見が積み重ねられていく。命名という行為の根底にあるのは、対象を認識し、理解したいという思いかもしれない。

本書の著者二人は夫婦であり、それぞれ生命科学の分野で研究に取り組んできた。その過程で**遺伝子の命名**の面白さに触れ、ふとしたきっかけから本書の執筆をおこなうこととなった。

遺伝子とは何か

平たくいえば、遺伝子とは**生き物の体の部品を作り、動かすための説明書**である。

人間（ヒト）に限らず、イヌやネコ、魚、昆虫、貝、ミミズといった動物、木々や草花、苔、海藻などの植物、地球上のあちこちに暮らす細菌やカビなど、すべての生き物の体は、分子でできた小さな部品によって成り立っている。ある遺伝子には筋肉の素材となる繊維の設計図が、別の遺伝子には食べ物の消化を助ける酵素の組み立て方が、そしてまたある遺伝子には、他の遺伝子の活動を抑えるための指示が記されているという具合だ。こうした遺伝子の情報は、ＤＮＡ（デオキシリボ核酸）と呼ばれる長いひも状の分子に記録され、それぞれの細胞の中で必要な時に参照されている。

生命を維持するために使われる遺伝子の数は、生物の種《しゅ》によって大きく異なる。これは、遺伝情報が世代を超えて受け継がれていく中で、それぞれの遺伝子が何かの拍子に壊れたり、消えたり、増えたりと、さまざまな変化を経てきたからだ。限られた種類の遺伝子を器用に使い回してきた生物もいれば、たくさんの遺伝子を組み合わせることで環境に適応してきた生物もいる。たった一つの細胞からなる、いわゆる単細胞生物と呼ばれる生き物たちも、その細胞の中にいくつもの遺伝子を持ち、生命活動を巧みに営んでいる。

遺伝子発見の陰に人間ドラマあり

多種多様な遺伝子を区別するため、研究者たちはその一つ一つに名前をつけてきた。命名をおこなうのは、その遺伝子を発見した当事者たちであることが多い。研究対象となる生物種ごとに命名規則や慣習があり、数字とアルファベットを組み合わせた実務的な名前もあれば、思わずくすりと笑ってしまうようなユーモアあふれる名前もある。その背景には遺伝子研究の歴史と、研究者たちの人間模様や人柄が隠れている。

本書では、そんなユニークな「遺伝子の名前」を入り口として、研究者たちの姿、特に、**研究の現場に立ち、遺伝子発見の当事者となった人々のドラマ**に光を当てた。

これから紹介する一〇の「遺伝子命名物語」とコラムには、学生からベテランまで、さまざまな研究者たちが登場する。遺伝子発見につながる研究の場合、研究開始から論文発表に至るまでには、多くの例で数年から十数年の年月がかかる。必要な実験や分析は多岐にわたり、複数の研究者やグループがプロジェクトに関わることも珍しくない。研究者と聞くと年配の大学教授をイメージする読者も多いかもしれないが、世界各国の研究の現場では、立場も、年代も、性別も、経歴も異なる人々が、時に助け合い、時に競い合いながら、新たな発見を目指して研究を続けている。*

また、本書を読み進めていく中で、登場人物には若手研究者、とりわけ、**「ポスドク（ポストドクトラルフェロー）」と呼ばれる立場の人々**が多いことにもお気づきいただけるだろう。日本語で「博士研究員」と呼ばれることもあるポスドクたちは、大学院で博士号を取得した後に研究の最前線に立ち、多くの研究室で主戦力となる人々だ。しかし、一年から数年という短期契約で研究成果を求められ、地域や国をまたいで次々と職探しをする必要があるなど、その立場は極めてシビアである。本書の著者二人のうち石井も、日米で合わせて八年強をポスドクとして過ごし、異なる環境や研究テーマの間を転々としながら、研究の合間を縫って本書の執筆に取り組んできた。流動的なキャリアの中、人々がどのように生命科学研究に向き合っているのか、本書を通じてその一端をお伝えできればと思う。

＊コラム①「遺伝子研究に携わる人々」参照。

ユニークな遺伝子名から見えてくるもの

本書で取り上げた遺伝子名は、遺伝子データベースや学術論文に登録・記載された数万個の中から、「名前の面白さ」を基準に著者二人が主観的に選んだものである。選抜の過程では、遺伝子を探す研究でもしばしば用いられる、多段階のふるい分け（スクリーニング）をおこなった。遺伝子名の一覧の中から数千個、数百個、数十個と候補を絞り込んでいき、分量や全体のバランスも考慮して一〇の題材を決定した。

名前を元に選んだため、私たち著者にとって専門分野外の研究も多く、その背景にどんな発見・命名物語が隠れているかはほとんど予想がつかなかった。しかし、三年間にわたる文献や資料の調査、そしてインタビューを通じて浮かび上がってきたのは、**遺伝子の名前に負けないほど個性豊かな研究内容と、それらの研究に取り組んできた人々の歩む多様な道**だった。突然の依頼にもかかわらず、丁寧に取材に応じていただいた方々に感謝申し上げる（お名前は「おわりに」に挙げている）。「名は体を表す」ということわざがあるが、個々の遺伝子の性質はしばしば複合的であり、名前によって表現できるのはそのごく一部だ。どの側面をとらえ、どのような言葉で表現するか。その発想に各研究者の個性が表れている。

なお、「面白さ」はあくまで私たち著者の主観であり、他にも興味深い遺伝子名はいくつも存在すること、そして現在も増え続けていることを書き添えておきたい*。紙幅の都合で惜しくも紹介できなかった遺伝子名の一部は、コラムや注（＊印）で触れている。

科学研究についての報道では、大きな成果や発見だけに目が向けられがちだ。しかし、あまり目立たない分野の研究や、まだ発展途上の研究、一見したところでは失敗と思われる研究にも意義がある。長年、人目につかなかった論文との出会いや、異分野の研究者との何気ないやりとりが、のちの大きな発見につながることも多い。**科学の本質は未知の物事を見出すこと、そして、見出した物事を時と場所を超えて共有することだ。**遺伝子につけられたユニークな名前も、そうした情報共有を促進する上で一役買っている。

それではいよいよ、個性豊かな遺伝子名の数々と、その命名の背後にいる研究者たちの姿を覗いていこう。本書で紹介する遺伝子名はカテゴリーごとに並べているが、気になる名前があればどうぞそこから読み始めてほしい。また、本書は研究の詳細よりも人間ドラマに主

＊別の観点から遺伝子の名前を取り上げた日本語書籍に、『おもしろ遺伝子の氏名と使命』（島田祥輔著、オーム社、二〇一三年）、『はたらくしくみがマンガでわかる！　いでんしずかん』（北村雄一著、化学同人、二〇一六年）などがあり、遺伝子の名づけの面白さに触れることができる。

眼を置いている。読者にとって研究面で難しいと感じる部分があれば、ざっと読み流してもかまわない。「名前をつける」という人間的な行為を通じて、生命科学研究に取り組む人々の等身大の姿を感じていただければ幸いである。

遺伝子命名物語

名前に秘められた生物学のドラマ

第1章　日本語

1　マージャン（麻雀）——「和中折衷」の遺伝子名

二〇〇六年のある日、米国ニューハンプシャー州でポスドクをしていた田守洋一郎《たもりよういちろう》は、所属する研究室のボスに呼び止められた。妻とともに渡米し、新天地での生活を始めてから一年余り。私生活では子供が生まれ、研究も軌道に乗りつつあった田守に、若いボスは申し訳なさそうな顔でこう告げた。

「ヨウイチロウ、すまない。二週間以内に研究室を出ていってくれ」

田守にとって、この研究室はポスドクとして初めて所属した職場だった。

大阪出身の田守は、「少年よ、大志を抱け」*をモットーとする北海道大学に進学し、大学院ではアフリカツメガエルやイモリを使った発生学（生物の体が作られるしくみを研究する学問）の実験に打ち込んだ。そして、博士号をとってすぐ、ここ米国でのポスドクの職を得たのだった。新進気鋭の若手研究者が率いる、創設直後の新しい研究室である。活気あふれるこの環境で、田守はキイロショウジョウバエ*を使った研究に取り組み始めた。

しかし、それから二年も経たないうちに、なんとボスの持っていた研究費が底をついてしまった。おそらくはボスも必死に資金繰りを試みたはずだが、研究室から成果がまだ出ていない状態で、追加の助成金を受けることはできなかったようである。カネがなければ、人を雇うことはできない。そのため、田守を含む二人のポスドクは、突然、研究室から解雇されることになってしまったのだ。

解雇通告が二週間前におこなわれるのは、米国では一般的なこととされている（「トゥー・ウィークス・ノーティス」と呼ばれる）。しかし、日本からこの国にやって来た「外国人」の田守にとって、短期間で次の職を探すことは決して容易ではなかった。研究者としてのビザで渡米した彼には、アルバイトを含め、他の仕事をすることは一切許されない。だが、米国に来て一年余りの、得体の知れないポスドクを雇ってくれる研究室などあるのだろうか？研究は順調に進んでいたとはいえ、まだ論文を出す段階には至っておらず、自分の実力を証明できるものは学生時代の業績のみだった。田守は何十もの研究室にメールを書き送り、必死に自分を売り込み始めた。自宅アパートには、出産から間もない妻と、まだ一歳にもならない子供が待っていた。

最終的に、彼は二つの研究室からオファーをもらうことができた。フロリダ州のとある研究室へ行くことを決めたのは、研究内容が自分の専門により近かったからだ。その研究室では、キイロショウジョウバエを材料に使い、動物の体の中で卵子が作られるしくみを研究しているという。大学院時代に発生学を学び、渡米後にはハエを使った研究にも取り組んでいた田守にとって、まさに自らの経験を活かせる場所だった。

田守は慌ただしく荷造りを済ませ、家族とともに引っ越しの途についた。カナダとの国境に接するニューハンプシャー州から、メキシコ湾に面するフロリダ州へ、米国を北から南に縦断する二〇〇〇キロ超の大移動だ。職場が決まったという安堵と未知の環境への不安が入り混じり、不思議な高揚感が田守を包む。この時、彼はまだ、自分がここで新しい遺伝子の研究に取り組み、その命名の瞬間に立ち会うことになるとは思ってもいなかった。

＊〈17ページ〉北海道大学の前身、札幌農学校の初代教頭だったウィリアム・スミス・クラーク博士が、札幌を去る際に学生たちに残したとされる言葉。

＊体長三ミリメートルほどの小さなハエ。成長が早く、交配や飼育が容易であることなどから、遺伝学の研究によく使われる。

二人のボスと一人のポスドク

田守の新しいボスとなったのは、フロリダ州立大学のウーミン・デン（鄧 武民）である。中国出身のデンは、母国で遺伝学と発生学を学んだ後、英国・エディンバラ大学に渡って博士号を取得し、英米二ヶ国でポスドクを経験してきた。このことから、彼は異国の地で研究に取り組む外国人ポスドクたちの苦労をよく理解していたという。フロリダ州立大学に助教として採用され、自分の研究室を立ち上げたのは、田守を迎えるわずか三年前のことだった。そのため、デンは研究室の運営を安定させることの大切さ、そして難しさもよく知っていた。

デンは自身の研究室のポスドクたちに対し、英語での論文執筆や研究発表についての助言を定期的におこなっていた。また、研究費の申請書作りにも参加させるなど、研究者としての将来を見越した体験をさせていたそうだ。新しく迎え入れた田守にある提案をしたのも、ひょっとすると、そうした配慮の一つだったのかもしれない。

デンは当時、英国・ロンドン大学のユニヴァーシティ・カレッジ・ロンドンで研究室を主宰していた藤田《ふじた》恭之《やすゆき》（現：京都大学）と連絡を取りあっていた。ともに英国での研究経験がある藤田とデンは、学会での再会をきっかけに意気投合し、あるタンパク質の性質を調べるプロジェクトを合同で立ち上げることにした。

研究室にやってきたばかりの田守にデンが提案したのは、この共同研究に参加し、プロジェクトの中心となる実験の一部を担当することだった。英国にいる藤田とも、日本人どうしなら話がしやすいのではないかという。田守はこの話に興味を持ち、共同研究に加わることを決めた。後にわかったことだが、藤田と田守は同じ大阪の出身でもあった。こうして、二人のボスと一人のポスドクによる、大西洋を隔てての共同研究がおこなわれることになったのだった。

がん抑制と細胞極性

さて、この共同研究の端緒になっていたのは、藤田が注目していた「がんの抑制」というテーマだった。

幼い頃から「人の役に立つ人間」になりたいと思い続けてきた藤田は、京都大学で医学を学び、医師になる道を選んだ。学生時代には本庶佑《ほんじょたすく》*や沼正作《ぬましょうさく》**など、世界をリードする科学者たちの研究室に顔を出し、実験や勉強会の様子を見学していたという。この経験が、その後の藤田のキャリアに影響を与えたことは間違いないだろう。医師として病院に勤務した後、彼は大阪大学大学院で生化学の研究手法を学び、がんの研究者としての道を歩み始めたのだ。

デンとの共同プロジェクトを始めた当時、藤田は「リーサル・ジャイアント・ラーヴィ*（Lgl）」というタンパク質がはたらくしくみを解き明かそうとやっきになっていた。

Lgl タンパク質は、動物の体の中でさまざまな現象に関わることが知られており、医学の分野でも注目を集めていた。例えば、皮膚や腸の内壁の細胞がLgl タンパク質を作れなくなると、それらの細胞は無秩序に増殖を繰り返すようになる。すなわち、**がん化**だ。藤田にとって、このタンパク質の役割を調べることは、がんが発症するしくみを探り、さらにはがん予防のための手がかりを得ることに他ならなかった。彼はイヌの腎臓の培養細胞（ヒトの結腸がんと似た性質を示す）などを使ってこの研究に取り組んでいたが、将来的には遺伝子操作のしやすい生物を使って検証実験をおこなう必要があった。そこで彼は、キイロショウジョウバエを使って研究をしていたデンに共同研究を持ちかけたのだった。

一方、藤田の提案を引き受けたデンは、Lgl タンパク質が持つ別のはたらきに興味を持っていた。それは、細胞の向きの調節だ。私たちの体に上下、前後、左右といった向きがあるように、体を構成する一つ一つの細胞にも向き（**極性**）がある。** 動物の卵子が作られる過程で、将来の体の極性がどのように決まっていくのか？　この疑問の答えを見つけるヒントが、Lgl タンパク質のはたらきに隠れているのではないかとデンは見込んでいた。

こうして、二人のボスの異なる思惑をはらんだプロジェクトが始まった。過去の研究からは、Lgl タンパク質は単独ではその力を発揮できず、他のタンパク質と手を組んではたらくことが予想されていた。だが、これまでに結合相手として見つかっていたタンパク質はどれも、藤田の注目していた「がん化」という現象との関わりがまるで見られなかった。

そこで、藤田は自身が得意とする生化学のテクニックを使い、がん患者から採取された培養細胞の中から、Lgl タンパク質と結びつくタンパク質を新たに捕まえてきた。さまざま

＊〈21ページ〉ノーベル生理学・医学賞受賞者、現：京都大学名誉教授。免疫学の分野で世界的な成果を挙げ、免疫機能を利用してがんを治療するしくみを提案した。

＊＊〈21ページ〉京都大学教授、がんのため一九九二年に死去。生前は分子生物学、遺伝子工学の手法を駆使し、ホルモンや筋肉のはたらきを精力的に解明していた。

＊「リーサル（lethal）」は「致死」、「ジャイアント・ラーヴィ（giant larvae）」は「巨大な幼虫」の意味。このタンパク質の遺伝子に変異が起こると、幼虫が巨大化し、死に至ることからこの名がついた。

＊＊第2章「3　ヴァン・ゴウ（ファン・ゴッホ）」も参照。

な分析の結果から、その正体は「ＶｐｒＢＰ」*と呼ばれるタンパク質だと判明する。かつて、別の研究者たちによってヒトの細胞から発見され、細胞の成長に関わるとされていたものの、体内でのはたらきがまだよくわかっていない謎のタンパク質だった。

続いて、ロンドンにいる藤田から、フロリダにいるデンと田守に研究のバトンが渡された。次の課題は、ＶｐｒＢＰの遺伝子を人為的に壊し、体の機能にどんな異常が出るかを調べることだ。そうすることで、ＶｐｒＢＰが本来、体の中でどのようなはたらきを持っているかを推測できる。この実験には、遺伝子を操作しやすいキイロショウジョウバエを使うのが好都合だ。デンはもちろん、その細胞の極性への影響に注目していた。

さっそく、デンと田守は遺伝子の壊れた変異体どうしを交配させ、正常なＶｐｒＢＰが体内にまったく存在しないハエを作ってみた。すると、成長が普通のハエよりも遅くなり、さなぎになった後は羽化せず死んでしまった。遺伝子が壊れると、ハエの体には重大な問題が起きる。ひょっとしたら、極性にも……デンの期待は膨らんだ。果たして、細胞たちはどうなっているのか。デンの期待を背に受けた田守は、顕微鏡を覗き込み、息を呑んだ。

……正常だ。

観点を変える

極性にまったく影響が出なかったことで、デンはとても落胆していたという。

しかし、田守は細胞の様子を観察する中で、遺伝子に変異が起きた細胞とそうでない細胞の間にある現象が起きている可能性に気づいていた。それが、当時一部の研究者たちの間で注目を集めつつあった「**細胞競合**（セル・コンペティション）」という現象だった。

細胞競合は、生き物の体ができていく発生の過程で「より良いもの」が選ばれるシステムだと考えられている。細胞の集団の中に成長の遅いものや、異常を持つものがいると、その細胞は他の細胞たちに取り囲まれ、ついには集団から追い出されてしまう。ちょうど、ボードゲームの「オセロ」のように、**多数派に囲まれた少数派の細胞が消え、多数派に取って代わられてしまう**のだ。この現象は、一九七〇年代にショウジョウバエを使った研究から発見され、スペインの研究室を中心に研究が進められていたが、そのしくみの解明につながる研究が始まったのは、二〇〇〇年代に入ってからのことだった。

田守の観察では、ＶｐｒＢＰの遺伝子が壊れた細胞はなぜか細胞競合に巻き込まれやすく、

＊「Vpr Binding Protein（Ｖｐｒ結合タンパク質）」の略。このタンパク質が、エイズウイルスが持つタンパク質の一つ「Ｖｐｒ」（Viral protein R（ウイルスタンパク質R））と結合することから命名された。

その過程で死を迎えてしまうことが多いようだった。もしかすると、この遺伝子は普段、細胞どうしの不要な争いを防ぎ、細胞増殖を平和に進めるための調停役を果たしているのかもしれない。

田守はデンにこのことを報告するが、彼は極性とは関係のないプロジェクトからもはや興味を失いかけていた。彼らがこのプロジェクトに取り組み始めてから、一年が経とうとしていた時のことだった。

そんなある日、藤田がロンドンからフロリダまで、はるばる研究の様子を見にやってくることになった。田守が実験結果を見せると、藤田ははっと気づいた様子でこうつぶやいた。

「これ、細胞競合ちゃうか？」

実は、藤田も以前から細胞競合という現象に関心を持っており、他の研究者たちによる研究の動向を知る前から独自に研究を進めていたのだという。

藤田はこの現象を、自身の専門分野であるがんの発症予防に関わるものとして考えていた。がんという病気は、大きな病変が突然生じるものではなく、体内で少数のがん細胞が生まれ、それが増殖することで発症するとされる。一方で、体内で生まれたがん細胞の中には、増殖する段階には至らず、途中で死んでいくものもあるはずだ。私たちの体の中では、がんの夕ネが日々生まれては消えているのかもしれない。そのタネを抑え込んでいるのは、少数派の細胞を排除する細胞競合のしくみではないか……藤田はそう考えていたのだ。

重要な現象を解き明かす手がかりが、ここにある。そう確信した二人は、関心をなくしかけていたデンを説得し、新しい観点から改めてこの研究に取り組むことにした。

遺伝子に変異を起こしても細胞の極性には影響が出ないという（かつてデンをがっかりさせた）実験結果からは、Ｌｇｌタンパク質がそのはたらきによってパートナーを替えていることが推測できた。おそらく、細胞競合を抑える時にはＶｐｒＢＰと手を組み、極性を決める時には別のタンパク質と手を組むのだろう。ここから、ＶｐｒＢＰのはたらきを調べることで、細胞競合そのもののしくみに迫れる可能性が見えてきた。

ロンドンに戻った藤田は、イヌの培養細胞でもＶｐｒＢＰの遺伝子を壊し、田守がハエの細胞で観察したのと同じ現象を確認した。これは、哺乳類の培養細胞で細胞競合が起きることを示した**世界で初めて**の事例となった。この発見は、がんを抑制するしくみが昆虫と哺乳動物で（部分的にでも）共通している可能性を示しており、がんという病気の成り立ちを考える上でも、医療研究の面でも重要な意味を持っていた。

また、田守がフロリダで進めた解析からも、興味深い事実が次々と明らかになっていった。

変異細胞と正常細胞が出会うと細胞競合が起こること。変異細胞だけが集まっている場合には、同じ条件で実験しても細胞競合は起こらないこと。変異細胞と正常細胞の間の競合では、変異細胞がほぼ必ず負けてしまうこと。二人の熱意に押されてプロジェクトの継続を決めたデンも、こうした成果に次第に引き込まれていった。

研究は一大プロジェクトへと発展し、双方の研究室から何人ものポスドク、大学院生、技術職員らが実験に加わった。最後の数日間は、藤田が再びフロリダを訪れ、泊まり込みで論文の執筆に取り組んだ。デンの研究室に藤田と田守が机を並べて、それぞれが担当した実験についての説明を書いた。通常、論文の執筆には数ヶ月かかることもあるものだが、彼らはこの原稿をわずか三日間で書き上げたという。論文のタイトルは「細胞競合へのＬｇｌとＶｐｒＢＰの関与」というものだった。Ｌｇｌタンパク質がＶｐｒＢＰと手を組み、細胞競合を調節している可能性があること、そして、そのしくみがハエと哺乳類で共通している可能性があることが、ＶｐｒＢＰの遺伝子を操作した実験の結果から論じられている。

幻の名前

さて、こうして論文は仕上がったが、実は肝心の遺伝子の名前だけは空白のまま残されていた。タンパク質と同じ「VprBP」という名前をつけても良いのだが、デンと藤田の間では、この遺伝子の役割を見つけたことを機に、新しい名前をつけ直そうという話が持ち上がっていた。そこで、三人はデンの研究室に集まり、論文の空白を埋める名前を相談することにした。

だが、話はまるでまとまらなかった。プロジェクトの責任者の一人であるデンは「中国語の名前にしたい」と言い、この遺伝子から作られるタンパク質を発見した藤田は「日本語の名前をつける」と主張する。二人は互いに一歩も譲らず、とうとう喧嘩になってしまった。

二人に挟まれた田守は、どちらにとっても公平な案を思いついた。英語の名前だ。

「中国語もあかん、日本語もあかん、と。そんなら、英語でええやないですか」

田守の言い分はもっともだった。さらに、彼は具体的な名前も提案した。「シャイ・ボーイ（恥ずかしがり屋の男の子）」＊だ。この名前は、変異体の成長が遅く、さなぎから成虫がなかなか出てこないという性質にちなんでいる。ハエの遺伝子命名の慣習＊＊にも沿った、文句な

＊この案が採用されていたら、第4章「1　オギ、メギ」で紹介するキウイフルーツの遺伝子、「シャイ・ガール」と対になる名前として注目を集めたかもしれない。

しの名前だった。

数時間後、三人は大学近くの店で、論文の完成を祝って乾杯していた。遺伝子名は「シャイ・ボーイ」。田守はこの名前を気に入っていた。

だが、デンと藤田は違っていた。祝いの席だというのに、二人の表情は次第に険しくなっていく。二人とも、内心では英語の名前に納得していなかったのだ。

「中国語でも日本語でも通じる名前があればいいのになあ……」

そうつぶやいたのは、デンだったか、藤田だったか。

ここで、険悪になってきた空気を自ら変えようと、藤田が自分の趣味の話を持ち出した。彼は麻雀が好きで、仲間と徹夜で盛り上がることも多いという。すると、麻雀発祥の地、中国で生まれたデンもこの話題に乗ってきた。牌の種類、役の名前、ゲームの進め方……。日中の麻雀文化について話が弾んできたところで、二人ははたと気づいた。

「『マージャン』って……」

デンと藤田は目を見合わせた。

「中国語でも日本語でも発音が同じだ！」

「おまけに、勝負事に関係している！　この遺伝子は細胞どうしの争いに関わるんだ、ぴったりの名前じゃないか」

こうして、遺伝子の名前はあっさりと「マージャン」に取って代わられてしまった。

「クールな名前だ」

「なんという名案だろう」

デンと藤田は大興奮していたが、田守はこの新しい名前をあまり気に入っていなかったという。

「僕、麻雀しないですし……」

だが、そう渋っていた彼も、すぐにこの名前が持つ力を目の当たりにすることになる。

注目を浴びたマージャン遺伝子

マージャン遺伝子は、二つの面から大きく話題を呼ぶ遺伝子となった。

がん研究の専門家たちが注目したのは、この遺伝子と細胞競合とのつながりだった。

＊＊〈29ページ〉コラム④「ハエとヒト、生物種による遺伝子命名文化の違い」参照。

論文を学術誌に投稿し、その査読が進み始めた頃、田守はある国際会議で短い口頭発表をおこなうことになった。スペインで開催されるこの会議の趣旨は、ショウジョウバエを使ってがんの研究に取り組む研究者が一堂に会し、最新の成果について論じ合うというものだった。

田守はこの会議で、藤田、デンとともに進めてきたマージャン遺伝子の研究について発表することにした。それまでにも、デンが他の学会でこの研究の話をすることはあったが、競争の激しい研究分野であることから遺伝子の詳細は伏せられていた。しかし、論文を投稿し、自分たちが最初の発見者だという証拠を示すことができた今、田守はついにこの遺伝子の正体を明かすことにしたのだ。

発表当日、壇上に立った田守は、会場の熱気の高まりに驚いた。客席にはがん研究の錚々《そうそう》たる顔ぶれが揃い、発表スライドを熱心に見つめている。彼らに囲まれる中、田守は研究の背景、経緯を順に説明し、いよいよその時を迎えた。手元のボタンを押すと同時に、マージャン遺伝子の素性を明かす情報がスクリーンに映る。遺伝子の名前、構造、そして、ゲノム上での場所を示す番号……その途端、田守の目には、参加者たちが一斉にペンを手にとり、我先にとその情報を書き留める姿が飛び込んできた。会場全体が、マージャン遺伝子の話に釘づけになっている。田守が自分たちの研究の影響力を実感した瞬間だった。

一方、他分野の研究者や一般の人々の目を引いたのは、やはりこの遺伝子の名前だった。二〇一〇年に論文が公開されると同時に、ロンドン大学、フロリダ州立大学の両方からプレスリリースが出され、「マージャン」という遺伝子名と、その発見の経緯が発表された。これを見た各メディアが一斉に報道を始め、「マージャン」という名前を見出しに入れた記事が次々に配信された（その中には、「麻雀ががんを防ぐ」など、誤解を招くようなものもあったそうだ）。麻雀の国際競技団体である世界麻雀組織のウェブサイトにも「マージャン遺伝子発見」のニュースが掲載されていたという。

マージャン遺伝子の研究は、米国の一般向け科学雑誌『ディスカヴァー』がおこなった「二〇一〇年の科学ニュース・トップ一〇〇」という特集で第一八位に選ばれた。研究内容もさることながら、やはり遺伝子の名前が注目を集めたのは間違いないだろう。論文が掲載された『プロス・バイオロジー』誌が、インターネット上で誰でも無料で論文を見られる形式（**オープンアクセス形式**＊）をとっていたことも、報道の高まりに一役買ったのかもしれな

＊論文の著者らが研究資金から掲載費（日本円で数万円から数十万円程度）を支払うものが多い。

い。集計データによれば、マージャン遺伝子の論文は、同じ年に同誌から出された生命科学分野の論文の平均に比べて閲覧回数が三倍近くに上っていた。他の論文への引用数も多く、本稿の執筆（二〇一八年一二月）時点で八七本もの論文に引用されている。

論文の筆頭著者を務めた田守は二〇一四年にデンの研究室を「卒業」し、静岡県にある国立遺伝学研究所の助教に着任した。彼がデンの下でおこなっていた研究テーマを日本にすべて持ち出し、自分自身の研究プロジェクトとして取り組むことを許されたのは、デンと田守が互いに信頼し合える師弟関係を築いてきたからこその結果だろう。ちなみに田守は、渡米直後に解雇された例の研究室のボスとも交流を続けているそうだ。熾烈な競争が繰り広げられる分野において、周囲の研究者たちと良好な関係を築いていくことのできる人柄が田守の強みなのかもしれない。

「あがり」を目指して

マージャン遺伝子の研究は、その後、新たな生命現象の発見にもつながった。

フロリダ州立大学を離れる前年の二〇一三年、田守はデンと二人で論文を書き、『デヴェロップメンタル・セル』誌に発表した。それまで、細胞競合は生物の体ができていく「発生」の過程でのみ起きる現象だと考えられていたが、彼らはこの研究で、すでに発生を終えた細胞の間でも競合が起きるということを報告したのだ。

発生の過程で細胞競合が起きる場合、競合に負けて死んでしまった細胞の穴は、勝ち組になった細胞が分裂して数を増やすことで埋めていく。しかし、すでに分裂の時期を終えた細胞どうしの競合では、その方法を使うことが難しい。そこで代わりに起こるのが、勝った側の細胞が**巨大化**し、消された細胞の穴を埋めるという現象だった。この方法は、長期的には細胞の炎症やがん化につながるリスクがある反面、短期的には細胞分裂よりも負担が小さく、細胞にとっての急場しのぎの手段として使われているようだった。

その後、田守とデンの発見を追いかけるように、他の研究室からも次々と論文が出され、肝臓、心臓、腎臓、皮膚、角膜など、体のさまざまな組織にできた傷の修復にも同じ現象が関わることがわかってきた。いわば応急処置として、傷ついた組織に生じた穴を、周りの細胞が巨大化することで埋めるのである。田守はこの現象を「補償的細胞肥大*」と名づけ、そのしくみを探っている。

＊英語では「Compensatory Cellular Hypertrophy（CCH）」として知られている。

ところで、マージャン遺伝子はいったい、どのように細胞競合を制御しているのだろうか？　遺伝子発見の第一報となった二〇一〇年の論文では、まだその点は明らかにされていなかった。

「遺伝子を見つけた者のけじめとして、やはりその機能を調べて報告したいと思っています」

そう話す田守は、英国から日本に戻った藤田の研究室に数年前から加わり、マージャン遺伝子のはたらきを解き明かすための研究に取り組んでいるという。研究室は田守の母校でもある北海道大学を経て、二〇二〇年に京都大学へと移転した。准教授として自らの研究グループを率いる田守は、これまでの歩みをこう振り返る。

「マージャンがつないでくれた縁、ですかね。麻雀そのものには、まだ手を出していないんですが」

なじみある関西の地で、田守は学生や他の職員たちと議論のテーブルを囲みながら、このゲームの「和了《あがり》」を狙っている。

コラム①――遺伝子研究に携わる人々

「研究者」という言葉からは研究室の主宰者・運営者（PI：Principal Investigator）ばかりを想像しがちだが、実際の遺伝子研究の現場では、学生、ポスドク、技術職員など、さまざまな立場の人々が共同で研究に取り組んでいる。教育や雇用の制度は研究分野や国・地域、所属機関ごとに多様であり、時代によっても変化していくが、このコラムではその一部をご紹介する。

大学院生

大学（もしくは専修学校）卒業後、大学院に入って研究室に所属し、PIや他の研究者・学生から実地で研究指導を受ける。トレーニング内容は、実験・解析技術だけでなく、論理的な思考や議論、研究計画の立案、学会発表、学術論文の読解・執筆など多岐にわたる。

　生物学関係の分野で研究者として独り立ちを目指す場合、博士号の取得が一つの目標となる。大学院入学から博士号取得までは四年から七年ほど（国、大学院、研究プロジェクトなどによって異なり、期間が延びることもある。修士号取得者が博士号を目指す場合には三年から五年ほど）。

　肩書きは学生とはいえ、生活はフルタイムの研究者とほぼ変わらず、研究プロジェクトにおいて担う役割も大きい。欧米やシンガポール、中国など、諸外国では研究活動に伴う給与が支給されており、日本でも制度の改革が少しずつ始まっている。博士論文の提出と口頭発表・試問により審査を受け、晴れて合格となれば研究者としての一歩を踏み出すことができる。

これとは別に、医師や技術職員などの専門職に就きながら博士論文を執筆する「論文博士」のコースも（第2章「2　ムサシ」参照）。

ポスドク（ポストドクトラルフェロー、博士研究員）

博士号取得者が就く、一年から数年単位の短期契約職。研究現場の最前線に立ち、短期間で成果を上げることを求められる。本書に登場する遺伝子も、ポスドク研究者によって発見・命名されたものが多い。

しばしば、研究者の「武者修行」の期間として位置づけられるが、その後も競争は激しい。大学や非営利研究所の教員・研究員を目指すほか、民間企業への就職や起業など、ポスドク経験後に別のキャリアを歩む選択肢も広がってきた（参考：『アカデミアを離れてみたら――博士、道なき道をゆく』岩波書店編集部編、岩波書店、二〇二一年）。

研究室主宰者・主任研究員（PI）

研究室を主宰・運営する責任者。

日本の多くやヨーロッパの一部では、一人のPIの下、研究室内に複数の教員が所属する形式（大講座制）がとられている。この場合、非PI教員の研究の自由度は研究室によって大きく異なる。研究室内で小グループを運営し、独自のテーマで研究に取り組む場合もあれば、PIの補助を主におこなう場合もある。

一方、米国の大学・非営利研究所では、職位（教授、准教授、助教など）を問わず、教員一人一人がPIとして独自の研究室を運営することが多い。研究の自由度が高い反面、PI個人の総合的な力量が問われる。実績や研究資金が不足すると研究室が解散に追い込まれるなど、シビアな側面も（第1章「1 マージャン」、第4章「3 炎シリーズ」）。

技術職員

試料の採取・分析、生物の飼育など、研究における専門技術を持つ。

特定の研究室に所属するほか、研究機関直轄の職員として、研究室の垣根を超えてはたらく場合もある（研究機関によっては、生物や細胞を維持するストックセンター、大型・高額の研究機器を扱うコア・ファシリティーなどの専門部署がある）。

大学・専修学校の卒業生から、修士号・博士号取得者、農業・水産業の経験者など経歴はさまざま。近年では、生物情報学者（バイオインフォマティシャン）やデータサイエンティストなど、研究データの収集・処理・解析の専門家が技術職員として活躍する例も。

本書に登場する研究の舞台は大学や非営利研究所が主だが、これは、遺伝子の発見・命名の多くが基礎研究の領域でおこなわれてきたことと関連する。得られた知見が論文等を通じて共有され、医療、製薬、農業など、実益を伴う応用研究までをも支える基礎となっていく。

2　カクセイ（覚醒）——研究ツールとしての遺伝子

二〇〇一年の夏、セミの鳴き声が響くキャンパスの片隅で、大学四年生の木矢《きや》剛智《たけとし》はぼんやりと空を眺めていた。翌年に大学院への進学を控えていた彼は、志望する研究室を決めかねていたのだった。

少年時代、読書や地学の授業を通じて科学研究の世界に憧れたという木矢は、猛勉強の末に東京大学へ入学した。当初は宇宙科学や物理学に興味を持っていたものの、授業で研究者たちの話を聞くうちに、身近な生命現象のしくみを探る生物学への関心が次第に高まっていったという。

目指す分野は変わっても、木矢の胸には相変わらず「研究者になりたい」という思いがあった。四年生になり、大学院入試の募集が始まると、彼はさっそく受験の準備を始めた。同じ学内の大学院に進みたいと考えたが、問題は、どの研究室で学ぶかということだった。大学院での学生生活は、そのほとんどを研究室での時間が占める。* 実地での研究プロジェクトに取り組みながら、目的に合わせた実験の組み立てかたや、論理的な考え方を学ぶのだ。研究者になるために博士号をとりたいと考えていた木矢は、最低でも五年間を大学院で過ごす見込みだった。どの研究室を選ぶかによって、これからの学生生活、さらには、その後の研究者としての生き方も変わってくるだろう。

木矢が目指していた大学院（理学系研究科・生物科学専攻）は、古びたレンガ造りの研究棟の中にあった。そこには、単細胞生物からヒトまで、さまざまな生物を対象とする研究室が集まっている。木矢は建物の四階から地下一階まで、気になる研究室の扉を叩いては、教員たちから話を聞いて回ることにした。そのうちに彼が気づいたのは、研究室によって学生の研究テーマの決めかたに違いがあることだ。教員がプロジェクトを主導し、その一部を学生に割り振る研究室もあれば、テーマ選びからプロジェクトの立案までを学生個人に委ねる研究室もある。自分にはどちらのスタイルが合っているだろうか？　ひんやりとした石造りの螺旋階段を上り下りし、重い鉄製の扉を次々と開いていくうちに、木矢の胸にはその答えが浮かび上がってきた。

「でかいことをやって、ひと勝負してやろう」

数年後、彼はその野望の足がかりとなる遺伝子を見つけ、「カクセイ（覚醒）」と名づけて発表する。カクセイは、遺伝子としての本来のはたらきよりも、研究のために利用するツールとしての価値に注目して発見された遺伝子である。

ミツバチのダンスコミュニケーション

木矢の夢見る「でかいこと」のタネは、地下に隠れていた。それから、屋上にも。

木矢が話を聞いて回った中で、彼の野心的な姿勢をひときわ歓迎したのが、地下一階で研究室を運営していた久保《くぼ》健雄《たけお》だった。自分より二〇歳近く年下の木矢に対しても丁寧な物腰で接する久保だったが、その言葉の端々には研究への情熱が覗いていた。彼は自らの師＊＊の教えである「荒野に点を打て」という言葉を好み、学生たちにも繰り返しそれを伝えていると

＊コラム①「遺伝子研究に携わる人々」参照。

＊＊東京大学大学院薬学系研究科（現：名誉教授）の名取俊二（なとり・しゅんじ）。久保は名取の下で助教授を務めたのち、二〇〇一年より理学系研究科の教授となった。

いう。これまでにおこなわれたことのないような研究に積極的に挑め、という意味である。

この大学院に教授として着任したばかりだった久保は、前任の教授が取り組んでいたものも含め複数の異なる研究テーマを扱っていた。アブラムシやカエルなど、研究室には実験に使うさまざまな生物がおり、同じ建物の屋上にはセイヨウミツバチの巣箱が設置されていた。

その年の春に研究室を立ち上げて以来、久保は毎日のように屋上へ出ては、この巣箱の様子を眺めていた。ミツバチは、巣の仲間たちと協力し、仕事を分担して生活する**社会性昆虫**である。私たちヒトも社会生活を営んでいるが、ミツバチの仲間集団（コロニー）の結束度の高さはそれをはるかに上回る。巣を構成するのは、一匹の女王蜂、その姉妹や娘である数万匹もの働き蜂*、そして、女王の息子である少数のオス蜂という、**深い血縁関係**にある個体たちだ。彼らはいずれも、コロニーを離れて生きることはできない。コロニーのために身を捧げ、組織的な生活を維持することで、ミツバチは互いの命をつないでいるのである。

久保は、このミツバチの高度な社会性に着目し、そのしくみを分子生物学の観点から探ろうとしていた。そして、彼の元へとやって来た木矢も、実はミツバチのとある行動に密かな興味を持っていたのである。

地下の研究室で久保と向き合った木矢は、こう話を切り出した。

「この研究室で、**ダンス言語**の研究をしてみたいんですが」

ミツバチにとって最も重要な情報の一つが、食料となる花粉や蜜のありかだ。外で食料を見つけた働き蜂が巣に戻ると、餌場の情報を伝える独特の「ダンス」をおこなう。翅《はね》を震わせ、尻を細かく振りながら、円や8の字を描いてぐるぐると歩くのである。待ち構えていた仲間たちがその周りを取り囲み、ダンスの向きや、体を震わせる周期などを元に、餌場の方角、距離、食料の種類といった情報を読み取る。この「ダンス言語（ダンスコミュニケーション）」を初めて記載したカール・フォン・フリッシュは、のちにノーベル賞を受賞している。では、この高度な情報伝達をおこなうミツバチの脳には、いったいどのようなしくみがあるのだろうか？

だが、フォン・フリッシュのノーベル賞受賞から三〇年近くが経っても、その疑問には誰も答えを出せていなかった。いや、それどころか、ほとんどの研究者が手を出すことすらしきていなかったのだ。ダンスコミュニケーションのしくみに脳や神経の観点から向き合った研究は、まだほとんど世に出ていない。文献を読み漁ってそのことに気づいていた木矢は、踊るミツバチの脳の中で何が起きているのか、この目で見てやろうと考えた。その野望を闘

＊働き蜂はすべてメスである。

かされた久保は、メガネの奥でぱっと目を見開き、笑顔を浮かべてこう答えた。

「もちろんです。私はね、学生さんには思う存分、好きなことをやってもらいたいと思っているんです。大いになさってください。歓迎しますよ」

やった！　喜ぶ木矢だったが、久保は間髪入れずにこんなことを尋ねてきた。

「ちなみに、どんな風に取り組むおつもりですか？」

漠然と「でかいこと」を求めていた木矢は、この質問に一瞬たじろいだ。久保はいつの間にか前のめりになり、興味津々の表情でこちらを見つめている。

「ええと、それはまあ……いま考えているところです」


そんな木矢に、久保は参考になりそうな文献や実験手法を紹介してくれた。その中には、「**ディファレンシャル・ディスプレイ法**（**DD法**）」という聞き慣れない手法もあった。

九〇年代初頭に開発されたDD法は、遺伝子のはたらきの**違い**（ディファレンス）を視覚的に**示す**（ディスプレイ）手法である。久保はこのDD法を使って、平常状態の働き蜂の脳と、ダンスをしている働き蜂の脳の間で、使われている遺伝子の違いを探してはどうかという。

だが、木矢の頭には何か引っかかるものがあった。

「いや、今はやめておきます。なんだか、それだけではうまくいかない気がするので」

その返事に久保は少々面食らったようだった。だが、すぐに穏やかな表情を取り戻し、こう応じた。

「きっといろいろ方法はあるでしょう。ごゆっくり考えてみてください」


久保の研究室を出た後も、木矢の頭にはぐるぐると考えが巡っていた。

ミツバチのダンスコミュニケーションは「ダンス言語」とも呼ばれている通り、情報を伝える一種の言葉だとみなされている。言語と脳というつながりから木矢が思い出したのは、ヒトの脳にある「言語中枢」と呼ばれる領域のことだった。そこでは、会話や文章の読み書きなど、言語に関わる重要なはたらきが担われているという。もしかすると、働き蜂の脳にも特別な神経細胞の集まりがあり、ダンスコミュニケーションの中枢を担っているのかもしれない。

数日後に研究室を再訪した木矢は、そのアイディアを久保に話してみた。

「脳の中で、ダンスの時に活動する領域を探してみようと思うんですが」

「どうぞどうぞ。ご自由にやってください」

こうして、木矢の研究テーマが定まった。ダンスコミュニケーションをしている時、ミツバチの脳のどこで何が起きているのか。この問いの答えに迫ることが、彼の大学院での目標になったのである。

手がかりは「ポップコーン」

翌年の四月、無事に大学院に入学した木矢は、屋上でミツバチの様子を眺めていた。春の陽気に誘われた働き蜂たちが巣箱から這い出し、花の蜜や花粉を探すため、さまざまな方角へと飛び立っていく。中庭に生える雑草や、満開を迎えた桜の木など、花々からせっせと食料を集めた彼女たちは、やがて仲間たちの元へと戻ってくる。巣箱の壁に隠れてこの目で見ることはできないが、コロニーの中では、踊り手が円や8の字を描きながらダンスをおこない、周りを取り囲む仲間たちに餌場の情報を伝えているはずだ。彼女たちの脳のどこで、何が起きているのか。その問いを頭に抱えた木矢は、自分の目の前に立ちはだかる二つの課題に気づき始めていた。

一つめは、活動している神経の場所をとらえる目印である。動物の脳の活動パターンを知るには、神経細胞に電極を刺したり、蛍光を発する薬品を注入したりする方法がある。しかし、そうした処置を受けたミツバチは、仲間から「傷を負った厄介者」とみなされ、コロニーから追い出されてしまう。そうなれば、ダンスどころではなくなってしまうだろう。

二つめは、活動を観察する**タイミング**だ。細胞に生じた変化をリアルタイムで検出するには、センサーやカメラなど、ミツバチの頭に何らかの機器を取り付けることになる。しかし、当時の技術では、ミツバチが自由に飛び回れるほど軽い機器を作ることは難しかった。

ミツバチの行動を知るための手がかりが、ミツバチの生態に阻まれる。そんな状況に直面した木矢は、解決のヒントを探りながらしばらく「ぶらぶらしていた」という。研究室の助教（現：准教授）である國枝武和《くにえだたけかず》の下で基礎的な実験手法を教わりながら、空いた時間に情報収集を試みる日々が始まった。

そんなある時、木矢は同じ建物で研究に取り組む他の学生たちから、「**初期応答遺伝子**＊」なるものの話を耳にした。

初期応答遺伝子とは、ある細胞に刺激が加わった時、その刺激に応じて活発にはたらく遺伝子群のことである。たとえとして、大きなフライパンでトウモロコシのタネを温め、ポップコーンを作ることを考えてみよう。フライパンの下には熱源があるが、上から覗いている私たちはその様子をじかに確かめることができない。さて、特に熱くなっているのは、フラ

＊「最初期遺伝子」とも呼ばれる。英語では immediate early genes（IEGs）。

イパンのどの辺りだろうか？　それを判断する目印として使えるのが、最初にパチッと弾ける数粒のポップコーンだ。「**フライパンを熱するとポップコーンが弾ける**」ということさえ知っていれば、なぜポップコーンが弾けるのかというしくみは知らなくても、熱くなった場所を推測することができる。

では続いて、トウモロコシの種を「神経細胞」に、熱を「興奮」に置き換えて考えてみよう。動物がある行動をとっている時、その脳（＝フライパン）の中で興奮しているのは、どの細胞か？　その目印となるのが初期応答遺伝子だ。「**脳内の神経細胞が興奮すると、この遺伝子のはたらきが活発になる**」という遺伝子を知っていれば、膨大な数の神経細胞の中から興奮しているものをあぶり出せるのである。

先ほどのポップコーンの例では、熱源を切ってしまっても、弾けたポップコーンが残ってさえいれば、熱くなっていた場所を事後に確かめることができる。同じように、初期応答遺伝子がはたらいた痕跡を見つけられれば、脳をリアルタイムで観察せずとも、興奮した神経細胞を後から特定することができる。この方法なら、ミツバチの頭に目印を入れる必要も、機械を載せておく必要もない。木矢の抱えていた二つの課題が一挙に解決するわけだ。話を聞いた学生たちによれば、メダカやゼブラフィッシュ、マウスなどの脊椎動物ではこうした遺伝子がいくつも発見されており、神経研究のツールとして使われているのだという。

これに刺激を受けた木矢は、さっそくミツバチの初期応答遺伝子探しに乗り出した。脊椎動物から見つかっていた初期応答遺伝子の情報を調べ、セイヨウミツバチの細胞に似た遺伝子がないか、実験で確認していく。ところが、当時知られていた初期応答遺伝子をいくつか試したものの、ミツバチからはその気配さえ検出されなかった。

実はこの当時、セイヨウミツバチに限らず、昆虫の神経細胞ではたらく初期応答遺伝子というものはまだ見つかっていなかった。* 木矢は自分でも気づかないうちに、世界で初めての発見に向けた冒険に出てしまったのである。

麻酔と覚醒

こうして木矢は、ミツバチの神経細胞が興奮した時に活性化する遺伝子を自分で探さなければならなくなった。その時、彼の脳裏にふと浮かんだのが、かつて久保から紹介された

*二〇〇〇年、仏・国立科学研究センターのマリエル・レヌチーらによって、コオロギの脳からc-Fos（脊椎動物の研究で使われていた初期応答遺伝子の一つ）の産物らしきタンパク質が見つかっていたが、初期応答遺伝子としての有用性はまだ確かめられていなかった。

ＤＤ法だった。

ＤＤ法は、**特定の条件下で活発にはたらく遺伝子**を探し出すことのできる手法である。その実験の様子は、プールでの競泳に似ている。プールに相当するのは、寒天ゼリーのような素材（ゲル）で作られた板、そして、各レーンを泳ぐ「選手」は、細胞から取り出した遺伝子のコピーたちだ。*第一レーンには、ある細胞群から取り出したコピーを、第二レーンには、別の細胞群から取り出したコピーを入れる。ゲル板に電気を流すと、コピーたちはその流れに乗せられ、各レーンを泳ぐように進み始める（電気泳動）。人間の競泳と違うのは、各レーンで同時に何千種類ものコピーが泳いでいるところだ。サイズの小さいものは速く、大きいものは遅く進み、同じ大きさのものは仲良く一緒に進んでいく。

さて、あるところで電気を止めると、コピーたちの泳ぎも止まる。ここで特殊な薬品を加えると、それぞれのコピーが立ち止まった位置に帯状のしるし（バンド）が現れる。このバンドの濃淡を**レーン間で比べる**のがＤＤ法のかなめだ。第一レーンでは先頭のバンドがくっきりと濃いのに、第二レーンでは、同じバンドがぼんやりと薄い、というように。この違いは、バンドに含まれるコピーの数の違いによる。ある遺伝子が活発にはたらく条件下では、遺伝子からたくさんのコピーが作られ、それに対応するバンドが濃くなる。バンドの濃淡が、遺伝子のはたらきの変化を知る目安になるのだ。

「木矢くんに『DD法は使いません』と言われた時は、内心『コンチクショウ』と思いましたよ。でもね、あの時は彼の考えにも一理あったんです」

久保が後にそう語っているように、かつて木矢がこの手法を使う気にならなかったのには、それなりの理由があった。ヒトの言語中枢の例から類推すると、ミツバチの脳内でダンスコミュニケーションに関わるのは一握りの細胞だろう。それら少数の細胞で特別な遺伝子がはたらいていたとしても、脳全体から見ればその変化はごくわずかで、目に見えるバンドの濃淡の違いとして検出することは難しい……木矢はそう感じていたのだ。

だが、今は事情が違う。彼が探しているのは、特定の神経でしかはたらかない遺伝子ではなく、脳全体でおよそ共通しているはずの「神経が興奮した時にはたらく」遺伝子だ。脳に刺激を加えたミツバチと、そうでないミツバチではたらく遺伝子群を比べたら、そこから初期応答遺伝子の候補が浮かび上がってくるのではないだろうか。

＊遺伝子のコピー（ｍ〈メッセンジャー〉ＲＮＡ）は壊れやすい分子でできている。この後の実験操作がしやすいよう、実際は、あらかじめ特別な方法（逆転写ＰＣＲ法）でコピーをさらに複製し、壊れにくい分子（ＤＮＡ）の形に変えておく。こうして作られた人工的なコピーをｃＤＮＡと呼ぶ。

木矢が研究室の中を見回すと、試薬棚に塩化カリウムの瓶があった。この建物の研究室にはよく置かれている、ありふれた化学物質だ。だが、この薬品が動物の脳に作用すると、神経が激しく興奮して**てんかん**の発作が起きる。木矢はこれを使って、ミツバチの脳に刺激を与えてみることにした。

まずは屋上に駆け上がり、ミツバチをむやみに刺激しないよう、網でそっと捕まえる。虫かごを手に地下の研究室に戻ると、木矢はミツバチをランダムに二つのグループに振り分けた。脳にてんかん発作を起こすグループ（**実験群**）と、そうでないグループ（**対照群**）だ。木矢は実験群のミツバチを一匹ずつ小さなプラスチック製の容器に入れ、砕いた氷の間に差し込んだ。変温動物であるミツバチは、体が冷えると仮死状態になる。こうして眠らせたミツバチの頭に、木矢は薬剤入りの液体を次々と注射していった。

その後、ミツバチたちを氷から出して室温に戻すと、脳で発作が起こり、神経細胞が激しく興奮する。この時、ミツバチはヒトのてんかん発作のように、四肢や胴体を震わせるような動きを示した。木矢はその様子を確かめた後で、ミツバチの頭部を集めていき、DD法の実験に回した。

さて、こうしておこなった分析からは、初期応答遺伝子の候補となる何十本ものバンドが見つかってきた。久保が先先代の師＊から受け継いできた様式に従い、木矢は実験の記録を研究室の専用ノートに逐一まとめていく。数週間前に記した「実験の目的」の項目には、木矢自身の手でこのようなことが書かれていた。

「塩化カリウム投与に依存して発現する、ミツバチの初期応答遺伝子の探索」

ここで、木矢のペンを持つ手が止まった。彼の頭にある疑問が浮かんだのだ。

「これって、本当に塩化カリウムの影響なのか？」

先ほど木矢がとった手順は、実験群には塩化カリウムを投与し、対照群には投与をおこなわないというものだ。だが実は、これら二つのグループの間には、他にもたくさんの経験の違いがあった。ミツバチを容器に入れ、氷で麻酔をかけ、注射針を刺し、薬剤を注入し、麻酔から目覚めさせる……これらすべての操作が実験群に対してのみおこなわれている。ということは、ＤＤ法で見つかったたくさんの候補バンドは、どの経験がきっかけになって生じ

＊東京大学大学院薬学系研究科の名誉教授であった故・水野傳一（みずの・でんいち）。研究室内で編纂された『標準実験法』という冊子の中で、彼は「どんなに小さな発見でも、科学史の中の一つの礎石として、後世に残すべき性格を持つ」と述べ、現場で詳細な実験記録を残すことの重要性について説明している。

てきたものかわからない。

これから先、初期応答遺伝子の存在を確認するには、何度も同じ実験を繰り返すことになる。こうした手間のかかる操作をすべておこなわなくても、もっと効率よく遺伝子を探せるのではないだろうか。木矢は計画を見直すため、実験群に加えた操作を一つ一つ切り分け、その影響を確認していった。

こうして丁寧な検証をおこなった結果、意外な事実が明らかになった。ミツバチの脳にてんかん発作を起こすには、**麻酔から覚める**という刺激だけで十分だったのだ。氷だけでなく、二酸化炭素による麻酔を使った場合にも発作が起き、バンドの濃淡にも明確な違いが見られた。ゲルに浮き出た六〇〇〇本超のバンドのうち、実験群のレーンで濃くなっていたものは実に四九本。木矢はそこから、特に差の大きい一本のバンドに狙いを定めることにした。この時、彼が大学院に入ってから二年が過ぎようとしていた。

遺伝子の本体はどこに？

大学院生活の折り返しに入った木矢は、初期応答遺伝子を脳の興奮の目印として使うための一仕事にとりかかった。DD法に使ったゲルから遺伝子のコピーを取り出し、塩基配列の断片を読み取るのである。脳内で興奮した神経細胞には、同じ配列を持つ遺伝子のコピーが残っているはずだ。ある特別な手法（in《イン》 situ《サイチュ》ハイブリダイゼーション法）を使うと、パソコンで文章中から特定の文字列を検索する機能のように、脳の中からその配列のありかを探し出し、色素でしるしをつけることができる。その様子はまるで、脳の顕微鏡写真にぽつぽつと浮かぶ星々のようだ。木矢の最終目標は、ダンスを踊ったミツバチの脳内で、このしるし（シグナル）がどこに出るかを確認することだった。

この実験と並行して、木矢にはもう一つ大きな仕事があった。それは、この初期応答遺伝子の全容を明らかにすることだ。DD法のゲルから取り出せるのは、あくまで遺伝情報の断片にすぎない。だが、遺伝子全体の塩基配列がわかれば、そこに書かれているタンパク質の設計図も読み取れるだろう。それを元に、この遺伝子が体内で果たす本来の役割を予想することもできるはずだ。

木矢は國枝の指導の下、ミツバチの脳から直接取り出した試料を使い、ゲルから得られた配列を足がかりにして、遺伝子の全長を少しずつ手繰り寄せるように読み進めることにした。

ところが、いくら読み取りを進めても、タンパク質の設計図として使われていそうな場所が見つからない。それらしきものにぶつかったと思っても、書かれている内容は非常に短く、支離滅裂に見える。順調に進んでいた研究に、ここへ来てにわかに暗雲が垂れ込めた。研究室でのミーティングのたびに、木矢は読み取りの進捗を述べ、まだ設計図が見つからないという報告を繰り返す。博士課程の残り時間が、みるみるうちに短くなっていった。

一方、そんな閉塞感の中でも、木矢にとって研究室での時間は充実したものだった。立ち上げから三年が経った研究室にはメンバーも増え、研究や実験の相談相手には事欠かない。たわいもない冗談から真剣な議論まで、年齢や立場を超えた会話が盛んに飛び交っていた。

ある日の夕方、雑談に興じていた木矢は、自分が追いかけていた遺伝子の名前についての話題を持ち出した。それまでずっと、彼はこの初期応答遺伝子を「遺伝子A」という仮の名前で呼んでいた。しかし、博士論文の執筆に向けた準備が少しずつ進む中、このままでは収まりが悪いと感じ始めていたところだった。

遺伝子の名前を考える上で、木矢が心に決めていたことがある。それは、日本語の名前をつけることだ。ここ日本の研究室で、彼らが独自に見つけた遺伝子だということを世に示したかったのだという。そんな彼が思いついたのは、「**カクセイ（覚醒）**」という名前だった。麻酔から目覚めたミツバチの脳内ではたらく遺伝子であることが、その理由だ。

「それなら、『メザメ（目覚め）』の方がいいんじゃない？」

そう言ったのは、助教の森岡瑞枝《もりおかみずえ》だった。森岡は久保の前任者の下でも長く助手を務めていたベテランだ。ミツバチの研究には直接関わっていなかったものの、テーマの枠を超えて学生たちから慕われる存在だった。彼女の案をきっかけに、周りからも次々とアイディアが飛び出す。凝ったものから、ちょっとふざけたものまで。

とはいえ、木矢の考えは決まっていた。なぜなら……

「僕（木矢）も、久保先生も、國枝さんも、名字が『K』から始まるでしょう。やっぱり、カクセイ（*kakusei*）ですよ。自分たちのKをつけた方がいいじゃないですか」

久保も國枝も、この名前には好意的だったという。これ以降、木矢はミーティングや学会での発表で「カクセイ」という名前を使い始めた。彼がのちに明かしたところによると、これは同時期にミツバチの脳から発見されたウイルス、「カクゴ」*にあやかった命名でもあったそうだ。遺伝子に名前をつけたことで、木矢の中で研究をやり遂げる覚悟も固まったことだろう。

＊久保の指導を受けていた大学院生、藤幸知子（ふじゆき・ともこ）（現：東京大学医科学研究所）らによって発見・報告された。働き蜂のうち、敵から逃げずに積極的に戦う個体の脳から発見されたことから「カクゴ（覚悟）」という名前がつけられた。

そして、この名前に導かれるようにして、カクセイ遺伝子の研究そのものにも大きな変化が見られた。数年間にわたる努力の末、木矢はとうとう、遺伝子のほぼ全長にわたる配列を読み切ったのである。そこからわかったのは、この遺伝子にはそもそも、**タンパク質の設計図となる内容が存在しない**という事実だった。

一般的な遺伝子がはたらくしくみは、分厚い本（DNA）に書かれている設計図をコピー用紙（RNA）に写し、そのコピーを見ながら機械の部品（タンパク質）を組み立てる……という流れにたとえることができる。だが遺伝子の中には、タンパク質の設計図として使われるのではなく、コピーされたRNAそのものが特別な機能を持つものも存在する。先ほどのたとえでいえば、**コピー用紙そのものを使って、折り紙で一つの部品を作り上げてしまう**ようなものだ。こうしたRNAのことを、**「非翻訳性（ノンコーディング）RNA」**と呼ぶ。木矢を悩ませていたカクセイも、そうしたノンコーディングRNAを作る遺伝子の一つだったのである。

この結論は、「遺伝子はタンパク質の設計図」という基本的な考え方に縛られているうちには、なかなかたどり着けないものだった。後に、細胞の中でのカクセイRNAのふるまいを調べた木矢は、このRNAが他の遺伝子のはたらきを調節し、神経の活動に関わるタンパク質づくりを助けているのではないかと考察している。

荒野に打たれた点

久保は、自由な発想で研究に取り組んだ学生たちから、新たな発見の報告を受けるのを楽しみにしていた。「荒野に点を打て」の言葉を受け、思い思いの方向へと飛び出していった学生たちが、そこで見つけたものを共有するために戻ってくる。

そして、試行錯誤を重ねてあちこちの野を飛び回ってきた木矢も、自らが打ち込んだ点の場所を知らせるために、久保の元に戻ってこようとしていた。

木矢が大学院に入学してからちょうど六年目に当たる、二〇〇七年四月。木矢、國枝、久保の三名による共著論文がオープンアクセス誌*である『プロス・ワン』誌に掲載された。

論文では、初期応答遺伝子「カクセイ」の発見と併せて、この遺伝子を使って *in situ* ハイブリダイゼーション法をおこない、ミツバチの脳活動を検出した結果が報告されている。この実験では、働き蜂が食料集めやダンスをした時に、脳にある**キノコ体**という領域の一部に集中してシグナルが見つかり、そこで神経細胞が興奮していたことが示唆された。

＊33ページの注を参照。

　さらに木矢たちは、脳内で起きている現象について詳しい解析を続け、のちに続報となる論文を発表した。働き蜂のダンスをビデオ撮影し、餌場までの距離を示す「尻振り行動」の時間を調べた結果、**餌場までの距離が近いほど、キノコ体での神経の興奮も盛んになる**傾向があることを見つけたのだ。この脳領域は、視覚や嗅覚など、外界からのさまざまな情報を統合する場と考えられていたものの、ダンスという「コミュニーケーション」における役割は知られていなかった。

　こうして木矢は、大学院入学時に立てた問いに対し、ついに自分なりの答えを出すことができた。ダンスをおこなう働き蜂の脳では、キノコ体の一部の細胞で、餌場までの距離に応じた興奮が起きている。それを示したのは、脳の顕微鏡写真にぽつぽつと点状に浮かぶカクセイ遺伝子のシグナルだ。彼は自分が見つけた初期応答遺伝子を使い、ダンスコミュニケーションにおける情報処理の一端を、その目で確かにとらえることに成功したのである。

研究の世界を飛び回る

　セイヨウミツバチにおけるカクセイ遺伝子の発見が起爆剤となり、初期応答遺伝子を使った昆虫の脳研究は加速していった。

久保研究室の学生で、木矢の七年後輩に当たる宇賀神篤《うがじんあつし》（現：JT生命誌博物館）は、玉川大学の吉田忠晴（故人）、小野正人らの協力を得て、日本在来種である**ニホンミツバチ**の研究に取り組んだ。

ニホンミツバチの巣に天敵であるオオスズメバチが侵入すると、すぐさま大勢の働き蜂が団子状に敵を取り囲み、翅の筋肉を一斉に震わせて熱を起こす。自分たちよりも熱に弱いオオスズメバチを蒸し殺してしまうのだ。この「**熱殺蜂球**《ねっさつほうきゅう》」は諸刃の剣で、温度が上がりすぎるとニホンミツバチ自身の命にも危険が及ぶ。そのため、蜂球の温度を一定に保つしくみがあると考えられていた。

このしくみを調べる上で、宇賀神はまず、ニホンミツバチがセイヨウミツバチとよく似た初期応答遺伝子を持つことを確認し、それを「Ａｃｋｓ＊（アックス）」と名づけた。そして、この遺伝子を目印として利用し、ニホンミツバチのキノコ体の一部が、蜂球の温度を保つ「サーモスタット」としてはたらいている可能性を示したのである。この成果は、カクセイ遺伝子の論文掲載から五年後の二〇一二年に、同じ『プロス・ワン』誌に発表されている。

＊ ***A**pis **c**erana **k**aku**s**ei* の略。*Apis cerana* はニホンミツバチの学名である。

久保、國枝、木矢らも加わったこの共著論文の内容は、一般向けにも広く報道された。

また、宇賀神、國枝、久保は、脊椎動物で研究が進んでいた*Egr*という初期応答遺伝子がミツバチの研究にも使えることを発見し、二〇一三年に『FEBSレターズ（欧州生化学会連合速報誌）』に論文を投稿した。実はこの時、米国・イリノイ大学で研究室を主宰するミツバチ研究の大家、ジーン・E・ロビンソンと、大学院生のクラウディア・C・ルッツ（現在は同大学のサイエンスライター）も、独自に同じ遺伝子の研究を進めていた。彼らの論文は、宇賀神たちの論文の査読がおこなわれていた二〇一三年六月に、『ジャーナル・オブ・エクスペリメンタル・バイオロジー』誌に掲載されている（宇賀神らの論文掲載は八月だった）。ルッツとロビンソンはこの研究で、働き蜂が巣から餌場までの景色を記憶し、帰り道の方角を導き出すしくみを考察している。

カクセイ遺伝子の発見者である木矢は、博士号取得後、石川県にある金沢大学の特任助教に採用され、着任先で使われていたカイコガの行動研究をおこなっていた。彼はその過程で、ミツバチだけでなく**さまざまな昆虫の脳で共通してはたらく初期応答遺伝子**[*]を発見し、二〇一三年一〇月に『カレント・バイオロジー』誌に発表している。この遺伝子は、モデル生物[**]

であるキイロショウジョウバエにも使えるツールとして注目を集め、世界各地の研究者によって、概日《がいじつ》リズム***、記憶学習、性行動などの研究に利用され始めている。

現在、金沢大学の准教授となった木矢の研究室には、数ヶ月間の卒業研究を体験する大学四年生から、博士号の取得を目指す大学院生まで、目標も関心もさまざまな学生たちが在籍する。木矢がいま目指すのは、荒野に打った数々の点を結びつけ、星座のように大きな絵を描き出す研究だ。同じく生物学者である妻の高柳《たかやなぎ》-木矢星歌《きやせいか》もチームに加わり、研究の幅はますます広がっている。****

---

*この遺伝子は別の役割を持つことが過去に発見されており、すでにＨｒ３８（ホルモン受容体３８番）という名前がつけられていた。

**第４章「１　オギ、メギ」参照。

***ホルモン分泌、睡眠、体温の変化、細胞分裂など、およそ二四時間の周期で起こる体内環境の変化。

****本書執筆中の二〇一九年三月、二人は総合科学誌『米国科学アカデミー紀要（ＰＮＡＳ）』に夫婦共著の論文を発表した。彼らはまず、Ｈｒ３８遺伝子を使ってキイロショウジョウバエの交尾行動に関わる神経細胞群を突き止めた上で、それらの神経に細工を施し、オスの交尾行動を人為的に操作することに成功している。

「遺伝子やタンパク質など、目的のものを見つける上では実験の勘どころをつかむことが大切だと思います。何かを見過ごしたり、対照実験がきちんとしていなかったりすると、研究がうまくいかない。同じ時間をかけても、何かを見つけられる人と、そうでない人が出てきてしまうんです」

そう語る木矢の頭には、かつて同じ失敗をしそうになった自分の姿が浮かんでいるのだろう。野心的で、少々生意気だった青年はいま、学生たちに囲まれる指導者となり、生物学の世界を飛び回るための道しるべを彼らに伝えている。

コラム②――研究者の名前

生物学の分野では、研究者の名前を英語式に「ファーストネーム（名）＋ラストネーム（姓）」と表記することが多い（国際的な学術誌・学会の場合）。

研究者は、論文などに記された名前を通じて業績が認識され、評価される。他の研究者と混同されることを避けるため、英語表記での同姓同名が多い研究者は次のような対策をとることがある。

- 姓と名の間に、ミドルネームやその頭文字を入れる。本来はミドルネームを持たない文化圏の出身であっても、論文を書く際に便宜上のミドルネームをつける研究者もいる。
- 「○○二世」、「○○ジュニア」という呼称がある場合、その呼称を入れる。
（例）W. Daniel Tracey, Jr.（W・ダニエル・トレイシー・ジュニア）
- 英語での名前の綴りにひねりを加える。
（例）Satoe（「サトー」＝「佐藤」）

研究生活の途中で姓が変わった場合、新しい姓を使うかどうかは個人の選択による。新姓のみを使う研究者もいるが、下記のいずれかを選ぶ研究者が多い（改姓によって過去の業績が認識されなくなることを避けるためである）。

- 旧姓のみを使い続ける。

・旧姓と新姓をハイフンでつないで表記する（複合姓）。もしくは、いずれかの姓をミドルネームのように使う。
（例）Satomi Tsuboko-Ishii（坪子－石井理美）

魚類の研究者である日本の明仁《あきひと》上皇は、皇太子・天皇在位中から「Akihito」の表記（名のみ）で論文を発表している。他にも、姓を持たない文化圏・家系に属する研究者の場合、慣用的に使われている呼び名や、親の名前、出身地の地名（または、その頭文字）などを姓の代わりに使うこともある。

こうした個人レベルでの工夫だけでなく、近年では研究者一人一人に固有の番号（研究者識別子）を割り振り、同姓同名の研究者の識別や、改姓・改名前後の業績の一本化（名寄せ）をおこなう取り組みもある。

代表的なものには、国際組織ＯＲＣＩＤ（Open Researcher and Contributor ID）が付与するORCID iD がある。学術誌によっては、責任著者のORCID iDを付記しないと論文を投稿できないと定めているものもある。

紙媒体を持たないオンライン形式の国際学術誌の中には、漢字など、英語以外での名前の表記を併用できるものも出てきた。多様な文化・来歴の研究者たちがアイデンティティを保ちながら活躍できる環境づくりが今後も進んでいく。

第2章 有名人にあやかる

1　ユーリイ・ガガーリン——ゲノムの中の宇宙飛行士

オレンジ色の光沢を放つ装備に身を包んだ小柄な青年は、白いヘルメットの奥で人懐こい笑みを浮かべていた。これから彼は前人未到のプロジェクトに臨む。スタッフたちの動きに慌ただしさが増していく中、二七歳の青年は、機器の設計者らと冗談を交わしながら、悠然とその時を待っていた。

最終確認が済み、いよいよ出発の時。観衆に向け、青年は通信マイク越しに声を上げた。

「パイェーハリ！（さあ、行こう！）」

一九六一年四月一二日、現地時間の午前九時七分。ソビエト連邦（当時）のバイコヌール宇宙基地から、宇宙船ボストーク一号が轟音とともに大気圏外へと打ち上げられた。先端部に取り付けられた小さな球形のカプセルに乗り込んでいたのは、ユーリイ・ガガーリン。T.

業学校を卒業し、二〇代で空軍に入った彼は、人類史上初めての有人宇宙飛行という大きな任務を負っていた。数千人の優秀な志願者たちの中から彼が選ばれたのは、学業成績や身体能力の高さに加えて、カプセルに入り込める小柄な体格の持ち主であったこと、そして何より、笑顔が似合う青年だったことが理由だといわれている。

高度を上げ続けたボストーク一号は高度三〇〇キロメートルの大気圏外に到達し、周回軌道に乗って地球を回り始めた。この時、宇宙船の制御は遠隔操作と自動装置によっておこなわれていた。当時はまだ、人間が無重力状態の中で意識を保てるのかどうかわかっていなかったからだ。上官や技師らの心配をよそに、ガガーリンは歌を口ずさみながら、人類として初めて体験する出来事を地上へ逐一報告していた。機器の状況や、無重力状態における自身の体調。カプセルの小さな覗き窓から彼の目に飛び込んできたのは、真っ暗な宇宙空間に浮かぶ地球の美しい輝きだった。

地球を一周したボストーク一号は、高度を下げて大気圏内に再突入した。カプセルが切り離され、ガガーリンがパラシュートでソ連の大地に降り立ったのは、現地時間の午前一〇時五五分。世界初のミッションは、わずか二時間弱のうちに完了した。東西冷戦のさなか、このニュースは報道各社の特派員たちによって世界に伝えられ、米国との宇宙開発競争におけるソ連の優位性を示すことになった。

この歴史的プロジェクトからちょうど四〇年後の二〇〇一年四月一二日、宇宙飛行と関連の深い遺伝子に変異を持つハエが、かつてのソ連の対立相手である米国の研究室で発見された。その遺伝子は、無重力が生物の体に与える影響を解き明かす手がかりを秘めていた。発見者たちは、宇宙を初めて旅した青年、ユーリイ・ガガーリンの名前を遺伝子につけ、論文で発表した。

重力走性

ユーリイ・ガガーリン（*yuri gagarin*、略称：*yuri*）遺伝子を発見・命名したのは、米国・ライス大学のキャスリーン（ケイト）・ベッキンガムを中心とした国際チームだった。

二〇〇六年に『ジーンズ・ブレイン・アンド・ビヘイヴィア』誌に発表された論文には、ベッキンガム研究室に所属していたマイケル・J・テクサーダ（現：デンマークのコペンハーゲン大学）、ラヴィ・ムンジャールのほか、同研究室への留学経験を持つ生命情報科学者、ダグラス・アームストロング（英・エディンバラ大学）、そして、同じくエディンバラ大学のディーン・ベイカーが著者として名を連ねている。

英国で育ち、ケンブリッジ大学で生化学を学んだベッキンガムは、子供の頃に受けた理科の授業をきっかけに生物学者の道を目指したという。英国王立科学協会のインタビューに答える彼女の笑顔からは、長年にわたって生物学研究を続けてきたことの充実感がうかがえる。

「〔生物学者という〕仕事はとても大変ですよ。実験がいつもうまくいくわけではありませんし、ある方針で何年も進んだ挙句、その仮説がまったく間違いだったと気づくこともありますからね。しっかりと議論をして、気を配って、そして、本当に発見をしたいんだという意志を持つ必要があります。でも、それをきちんとやっていると、こうして努力が報われる素晴らしい瞬間が待っているんです」

彼女は博士号取得後に渡米し、一九八〇年からライス大学で研究室を率いてきた。テキサス州ヒューストンにある同大は、米国航空宇宙局（NASA）の設立時に用地を寄付するなど、宇宙研究との縁が深い。ユーリイ遺伝子の発見につながった研究プロジェクトも、ライス大学とNASAからの共同資金援助を受けて立ち上げられたものだった。

このプロジェクトの目的は、重力感知に関わる遺伝子群を探すことだった。ヒトを含め、多くの生物には重力を感じとる能力があることが知られている。動物であれば姿勢を保つ、植物であれば芽を伸ばす方向を変えるなど、生き物は重力の向きや大きさに応じて体のはたらきを微調整している。だが、重力を感じ、その情報を体の各部に伝えるしくみについては、まだわからないことも多かった。

ベッキンガムらは、研究の材料にキイロショウジョウバエを選んだ。ハエは重力に逆らって上へ進む性質（負の重力走性）を持つのだが、その度合いには個体差がある。実は、ガガーリンが世界初の有人宇宙飛行をおこなったのと同じ一九六一年、この**重力走性の度合いに遺伝子が関係する**ことを示した二本の論文が『サイエンス』誌に掲載されていた。

論文の共著者である、米国・コロンビア大学（当時）のジェローム（ジェリー）・ハーシュ*とL・エルレンマイヤー＝キムリングは、ハエの集団の中から重力に逆らう傾向が高いものを選びだし、それらを交配させては、その子供の中からまた重力に逆らうものを選びだす実験をおこなった。ハエの成長サイクルに合わせて二、三週間ごとにこの**選抜交配**を重ねてい

*一九二二年、米国・ニューヨーク州生まれ。心理学者であり、行動遺伝学の分野を開拓した人物の一人。コロンビア大学で助教を務め、同校の教授であった帝政ロシア出身の遺伝学者、テオドシウス・ドブジャンスキー、統計学者・遺伝学者のハワード・ルヴィーンらの研究にも影響を与える。イリノイ大学アーバナ・シャンペーン校で准教授、教授を務め、学生時代のティム・タリー（第4章「パヴロフの犬シリーズ」）を指導した。二〇〇八年没。

くと、集団の中には重力に強く逆らうハエの割合が増えていき、四八世代目にはほとんどのハエが強い負の重力走性を示すようになった。彼らはまた、重力に従って下へ向かって進んでしまう性質（正の重力走性）を持つハエの選抜交配も同時に進めており、こちらも世代を経るにつれて、同じ特徴を持つハエが集団のほとんどを占めるようになった。

これらの結果は、選抜交配を重ねるにしたがって、重力走性の強さに関わる遺伝子の変異がそれぞれの集団の中に蓄積していったためだと考えられる。ハーシュはその後も選抜交配実験を続け、* こうした遺伝子のうち一つについては、染色体上の大まかな位置を把握すると ** ころにまでこぎつけた。しかし、個々の遺伝子の作用が小さかったことなどから、重力感知を司る遺伝子群の正体を突き止めることまではできなかった。

ゲノムの中の宇宙飛行士たち

ベッキンガムたちは、ハエの集団内に自然に生じた小さな変異を拾い上げるのではなく、人為的な方法で積極的に変異を起こすことにより、重力走性に関わる遺伝子を網羅的に見つけようとした。その中には、重力を感じとるために必要な遺伝子もあるだろう。

当時、遺伝子を人為的に壊す方法はすでに確立されていた。問題は、重力走性に生じた異常を的確に、かつ効率よく調べることだった。ハエを壁に止まらせてその動きを観察してもよいのだが、それでは正確さに欠ける。そこで彼らは、かつてハーシュらが開発した「重力走性迷路」という装置を作ることにした。

この「迷路」は、スタート地点は一つだが、ゴールが多数ある。スタート地点にハエを入れ、ゴールの方から光を当てると、ハエはその光に引き寄せられるように歩き出す。これは、ハエが光の方へ向かう性質（正の走光性）を利用した仕掛けだ。少し進むごとに道は上下に枝分かれし、ハエはそのたびに、自らの重力走性に従ってどちらかの行き先を選ぶ。重力に逆らって上へ行くか、重力に従って下に行くか。最終的に、正常なハエは上の方にあるゴール、重力走性に何らかの異常があるハエは、真ん中や下のゴールへと到着する。ある遺伝子を壊した時に、上の方のゴールにたどり着くハエが減れば、その遺伝子は重力感知のしくみに関与している可能性がある。

＊ハーシュが始めた選抜交配実験は、長年にわたって続けられた。開始から二五年後の一九八五年に発表された論文では五五〇世代目に達し、当時の記録で最長の選抜交配実験の一つになったと書かれている。重力走性に関わる遺伝子の特徴が系統内に定着したと判断された後は、選抜をせずに交配のみが続けられた（継代飼育。第3章「1　アイム・ノット・デッド・イェット」参照）。ベッキンガムらが解析をおこなった二〇〇〇年代には、ハーシュたちのハエは七〇〇世代を超えて継代されていた。

＊＊DNAとタンパク質でできた、ひも状の構造体。遺伝情報を収めた巻き物のような役割を果たす。

重力走性迷路を完成させたベッキンガムたちは、ハエのさまざまな遺伝子をランダムに壊した変異体をおよそ七〇〇系統用意した。ハエの運動能力に問題がないことを確認した上で、垂直に立てた蛍光灯の周りに装置をずらりと並べ、次々とハエを送り込む。一系統あたり数十四のハエを使い、さらに、同じテストを四回ずつおこなって再現性（同様の結果が繰り返し出ること）を確認するという地道な作業だ。英国出身のポスドク、ダグラス・アームストロングが中心となって進められたこの実験には、研究室に所属する大学院生だけでなく、ボランティアやアルバイトとして大勢の学生が協力しており、彼らに対する謝辞が論文上で述べられている。

この大規模な選別により、重力走性に異常があると判断された変異体は二三系統。そのうちいくつかの系統については、同じ遺伝子に変異が入っていた。こうした重複を整理し、さらに追加の行動実験をおこなった結果、重力感知に関わると考えられる遺伝子が一八個浮かび上がった。研究チームではこれらの遺伝子のうち、まだ命名されていなかった五つに宇宙飛行士たちの名前をつけた。米国初の宇宙飛行士の一人であるアラン・シェパード、米国人として初めて地球を周回したジョン・グレン、人類で初めて月に降り立ったニール・アームストロング、何度も宇宙飛行を経験し、アポロ一三号の事故からも生還したジム・ラヴェル。

米国の宇宙開発の歴史を作った英雄たちが並ぶ中で、旧ソ連のユーリイ・ガガーリンの名前はひときわ目立って見える。

実は、この研究で見つかった「宇宙飛行士」遺伝子たちの中でも、ユーリイ遺伝子は特別だった。世界初の有人宇宙飛行から四〇周年の記念日に発見されたという点はもちろんだが、遺伝子のはたらく場所や機能にも特徴があったのだ。

ハエの体の中でこの遺伝子が活発にはたらいていそうな場所を調べたところ、まずは触角の根元付近にそのしるしが強く見られた。そこは、重力感知に関わることが見込まれていた「ジョンストン器官*」と呼ばれる部位だった。だが、さらに研究を続けていくと、ユーリイ遺伝子は**オスの精巣で精子を作る**という、一見まったく異なるプロセスにも関わることが明らかになってきた。** 遺伝子から作られるタンパク質を詳しく調べたところ、「**細胞骨格**」と

---

*数百個の感覚細胞が集まっており、昆虫が風や他の個体の羽音などの振動を感じとるのに使われる。発見者であるクリストファー・ジョンストンにちなんで名づけられた。

**論文の筆頭著者となったマイケル・J・テクサーダの博士論文によれば、精子の形成に目を向けるようになったのは、ユーリイ遺伝子の発見に携わっていた研究員、ラヴィ・ムンジャールが、変異体の子孫が増えにくいことに気づいたのがきっかけだったという。

呼ばれる、細胞内にある繊維状の構造を作り上げる過程で重要な役割を果たしていることがわかってきた。細胞骨格は、細胞の形を内側から支えたり、精子の「しっぽ」に当たる部分（鞭毛）を動かしたりするのに使われるほか、感覚神経が振動、圧力、傾きなどの情報（器械刺激）を感じとる上でも大きなはたらきを担う。このことから、ベッキンガムたちは重力感知においても、細胞骨格が重要な役割を果たしているのではないかと考えている。

　また、ベッキンガムたちが発見した他の「宇宙飛行士遺伝子」についても、その後、詳しい研究が進められている。ジム・ラヴェル遺伝子*（略称：*lov*）は摂食や生殖といった本能行動、アラン・シェパード遺伝子**（略称：*shep*）は、ハエの幼虫が成虫になる時に起こる、神経の大規模な変化に関わることがわかってきた。いずれの遺伝子も脳や神経の発達に関係していることから、重力感知に関わる神経のネットワークを知る手がかりになるのではないかと期待されている。

　英国王立科学協会によるインタビュー動画の中で、ベッキンガムは生物学の分野に進もうと考えている若者たちに向けてこう語りかける。

「この惑星でまだ誰も知らなかった事実を解明すること。その興奮は、どれだけ強調しても言い足りないものです」

地上でおこなう宇宙研究

ユーリイ遺伝子の研究はその後、動物生理学の枠組みを飛び出し、意外な方向への広がりを見せた。

ＮＡＳＡは当時、宇宙空間に滞在した宇宙飛行士たちを悩ませる、とある現象に関心を持っていた。旧ソ連との宇宙開発競争を勝ち抜いた米国では、アポロ計画、スペースシャトル計画などを通じて選りすぐりの人材を宇宙に送り込んできた。ところが、訓練によって体を鍛え、健康状態を万全に整えてから宇宙へ向かったはずの彼らが、ミッションを終えて地球に帰還すると、**カビなどによる感染症にかかる例**が多発したのだ。

この問題に目をとめたのが、カリフォルニア大学デーヴィス校（ＵＣデーヴィス）で免疫の研究をおこなっていたデボラ・キンブレルだ。米国空軍に勤務する両親のもとに育った彼女は、幼い頃から空や宇宙に興味を持っていた。一九六九年、アポロ一一号が人類初の月面

＊ちなみに、ジム・ラヴェル本人は九〇歳を超えて存命である（本書執筆中の二〇二一年六月時点で九三歳）。
＊＊彼の名前は、英国で放映されたＳＦ人形劇「サンダーバード」の登場人物、アラン・トレイシーの名前の由来にもなっている。

着陸を成し遂げたのもこの頃のことだ。地元の大学に進み、教養科目の授業で遺伝学の面白さを知った時も、その後カリフォルニア大学バークレー校で博士号をとり、英国とスウェーデンでポスドクとして医学研究に取り組んでいる間も、彼女は何らかの形で宇宙に関わりたいと考えていた。

米国に戻ったキンブレルは、一九九九年にUCデーヴィスで自らの研究室を立ち上げた。当時、フランスのジュール・ホフマンら*によって、ハエの体のつくりを決める「*Toll*（トール）」**という遺伝子が実は免疫にも必要だということが明らかにされたばかりだった。さらにその後、米国のブルース・ボイトラー***、大阪大学の審良《あきら》静男《しずお》らは、トールの親戚筋に当たる遺伝子****がヒトを含む脊椎動物にも存在し、免疫系がさまざまな病原体と戦う際に重要な役割を果たすことを示していた。遺伝学の学位を持ち、医学研究に取り組んできたキンブレルが、ハエを使った免疫研究を研究室の軸に定めたのは自然な流れだった。

NASAが免疫の問題に目を向けていると知ったキンブレルは、ユーリイ遺伝子を発見したベッキンガム研究室に連絡をとった。重力走性の変異バエが、解析の鍵になるかもしれないと考えたのだ。この小さな生き物を通じて、キンブレルは長年抱いていた宇宙への思いを実現しようとしていた。

宇宙飛行士たちの感染症の原因の一つとして予想されたのが、**免疫系のはたらきに重力が関係していること**だった。スペースシャトルの打ち上げや帰還の際には、宇宙飛行士の体に地上の数倍もの重力がかかる。この過剰な重力（過重力）が免疫力を低下させる引き金になるのではないだろうか。そう考えたキンブレルは、自身の研究室で学んでいたキャサリン・テイラー、クルト・クラインヘッセリンクとともに、ハエを使った検証実験を考案した。実は、キンブレルの所属するUCデーヴィスでは一九六〇年代から人体と重力の関係を探る研

＊一九四一年、ルクセンブルク生まれ。二〇一一年にノーベル生理学・医学賞を受賞。

＊＊ドイツ語で「すごい」、「奇妙だ」を意味する「toll（トル）」から（遺伝子名としては英語風に「トール」と呼ばれることが多い）。ハエの受精卵が孵化するまでの過程で、生まれてくる幼虫の体の背腹軸（どちらが背中側になり、どちらが腹側になるか）を決める遺伝子として発見された。ドイツの生物学者、クリスティアーネ・ニュスライン-フォルハルト（一九九五年にノーベル生理学・医学賞を受賞）によって命名。この遺伝子の変異体を発見した際、その体のつくりについて「Das war ja toll!（すごく変だった！）」と感想を述べたことが由来とされる。

＊＊＊一九五七年、米国生まれ。二〇一一年にホフマン、免疫学者のラルフ・スタインマン（故人）と共同でノーベル生理学・医学賞を受賞。

＊＊＊＊これらの遺伝子は、体内に侵入してきた微生物を認識する「トール様《よう》受容体（Toll-like receptor：TLR）」と呼ばれるタンパク質の設計図となっている。

究がおこなわれており、NASAとのつながりも深い。同大の神経生物学科にある長期加速研究ユニット*も、そうした研究を支えてきた部署の一つだった。ここでは、猛スピードで回転するメリーゴーラウンドのような装置（遠心加速機）を使い、過重力状態を作り出すことができる。

　長年この部署を率いてきたチャールズ・A・フラーのもと、キンブレルたちは有毒なカビに感染させたハエを遠心加速機に入れて回転させた。地上での重力の四倍に当たる力をかけ、生存率がどれだけ落ちるかを一五日間にわたって追跡調査する。すると、当初の予想に反し、**カビに感染した後のハエの生存率は、体に大きな重力をかけられた時の方がむしろ高くなる**ことがわかった。

　では、なぜこのような現象が起きるのだろう。過重力状態ではハエの免疫系が活発になり、病原体への抵抗力が増すのかもしれない。一方で、過重力状態ではカビの病原性が弱まるという可能性もあった。

　二つの可能性を切り分けるために、彼らはベッキンガム研究室から受け取ったユーリイ変異体を活用した。ハエが重力を感知し、それに応じて免疫系のはたらきを高めているのであれば、うまく重力を感じとれない変異バエは、過重力の条件下でも生存率が上がらないはずだ。果たして、ユーリイ変異体をカビに感染させ、同じ遠心加速機に入れて実験をおこなうと、生存率向上効果は見られなかった。

このことから推測されるのは、宇宙飛行士を苦しめる免疫力低下の原因は、打ち上げや帰還の際の過重力ではなく、むしろ**宇宙空間に滞在している間の無重力状態にあるのではないかということだ**。しかし、回転装置によって作り出せる過重力とは違い、無重力状態を地上で再現することは難しい。彼らの目は自然と、宇宙へと向けられるようになった。

宇宙バエと地上バエ

キンブレルたちからの申請を受け、NASAは二〇〇六年に打ち上げ予定のスペースシャトル、ディスカバリー号での研究プロジェクトを承認した。他の大学、研究機関、民間企業と共同でおこなわれたこのプロジェクトは、宇宙飛行士とともにハエたちを宇宙へ送り込み、体に起こる変化を調べるというものだった。

キンブレルが目指していたのは、遠心加速機を使っておこなったのと同じ実験を、無重力

＊Chronic Acceleration Research Unit（略称CARU）。NASAが人類初の月面着陸を成功させる数年前の一九六四年に創設された。一九八四年からフラーが二代目部門長を務める。

の宇宙空間でおこなうことだった。カビに感染させたハエをスペースシャトルに乗せ、地上にとどまったハエとの間で生存率を比較する。だが、打ち合わせを進めていくと、思った通りにはいかないことがわかった。スペースシャトルの乗組員たちは他の任務で忙しく[*]、小さなハエの数を毎日数える時間はない。また、生存率を比較するためには何百匹ものハエを用意する必要があるが、それだけの数のハエを積み込むことはできそうになかった。かつてガガーリンが乗り込んだカプセルと比べれば広いとはいえ、多くの装置や物資が詰まったスペースシャトルに空間的な余裕は少ない。免疫研究のために確保できたスペースは、テレビのリモコンほどの小型ケージわずか五個分だった。ユーリイ変異体や免疫関連遺伝子の変異体との比較も、当然できそうにない。そもそも、感染症にかかったハエをスペースシャトル内に入れること自体にも懸念の声が出かねなかった。

そこで研究チームは頭をひねり、実験計画を大幅に変更した。彼らはハエの生存率の代わりに、体内ではたらく遺伝子の種類を比べることにした[**]。これにより、数百匹ものハエを用意する必要がなくなるだけでなく、体内で起きている現象の実態に迫れる可能性も生まれた。また、懸念されていた感染実験は、宇宙空間に行く前ではなく、地上に戻ってきた後におこなうことになった。これまでに感染症にかかっていた宇宙飛行士たちも、スペースシャトル内ではほぼ無菌状態で暮らしており、感染症に悩まされたのは帰還後だったからだ。小さなケージに雌雄のハエを数匹ずつ一緒に入れ、スペースシャトル内で交配、産卵させる。打ち上げから帰還までの期間は一三日弱。その間に幼虫が孵化し、さなぎになり、成虫にまで成長する。この「宇宙バエ」を帰還後にカビに感染させ、体内ではたらく遺伝子を、地上で同じプロセスを経た「地上バエ」のものと比較する。ハエたちを万全の状態で宇宙に送り出せるよう、キンブレルたちはフロリダ州にあるケネディ宇宙センターに数週間滞在して準備をおこなった。同じ敷地内では、ディスカバリー号が発射台に設置され、打ち上げの時を待っていた。

米国の独立記念日である二〇〇六年七月四日、現地時間の午後二時三七分。研究チームの思いが詰まったケージを載せて、ディスカバリー号は快晴の空へと打ち上げられた。地上で機体を見送り、まっすぐに伸びていく白煙を背景に「よし！」と親指を立てるキンブレルの

＊この時のディスカバリー号は、二〇〇三年に起きたコロンビア号の空中分解事故を受け、安全措置の検証や国際宇宙ステーションへの人員・物資輸送など、宇宙開発事業を再び軌道に戻すためのミッションを担っていた。
＊＊DNAマイクロアレイ法。第4章「1　オギ、メギ」参照。

まぶしい笑顔を、同行した夫のカメラがとらえている。

卵から孵化した「宇宙バエ」たちは、ケージの中で順調に成長した。自らの体調を無線で報告したガガーリンとは違い、ハエたちは自己申告ができない。物言わぬハエたちに代わり、飛行中はセンサーがケージ内の温度や湿度を監視し、地上の研究者たちにその情報を送る。それに合わせて「地上バエ」たちの飼育環境も調節され、スペースシャトル内と地上の研究所の間で、重力を除いてほぼ同じ条件で飼育が進められた。

「宇宙バエ」が無事にケネディ宇宙センターに戻ると、待ち構えていた研究チームはすぐさま感染処理にとりかかった。一五日後、ハエたちから遺伝子のコピーを取り出し、カビに感染した時にはたらく遺伝子のパターンを調べる。すると、無重力空間に滞在した「宇宙バエ」では、**カビと戦うために必要なトール遺伝子とその関連遺伝子の反応が格段に鈍くなっていた。**宇宙飛行士が帰還後に感染症にかかるのも、この変化が影響しているかもしれない。重力感知と免疫という二つの現象が、こうして、ハエを通じて結びついた。

ちなみにキンブレルたちは、宇宙バエの一部をカビの代わりに大腸菌に感染させる実験もおこなっていた。これは、カビ（真菌）に感染した場合と、大腸菌の仲間（細菌）に感染した場合では、ハエの体内ではたらく免疫遺伝子が異なることが知られているからだ。* 大腸菌に感染した場合には、宇宙バエの免疫系遺伝子は地上バエと同じようなはたらきを示し、無重力による影響はなさそうだった。感染する病原体の種類によって、免疫系に対する重力の影響が異なるのは興味深いところだ。

研究の結果は二〇一四年に、オープンアクセス誌**である『プロス・ワン』に発表された。NASAによる広報記事には、ベッキンガムとキンブレルという、宇宙バエを通じて共同研究を始めた二人の笑顔が並んでいる。彼女らが執筆したこの論文には、UCデーヴィス、セントラルフロリダ大学、バークレー国立研究所、生物農薬企業のレイヴァーラム・インターナショナル、ネヴァダ大学から、数多くの研究者が名を連ねている。

新たな世界を切り開く宇宙飛行士遺伝子

UCデーヴィスの教授職を引退したキンブレルは、現在、名誉研究員として研究に関わり続けているほか、二〇一一年以降、同大から外国への留学を検討している学生のために、ヨ

＊前者ではトール、後者（特にグラム陰性菌と呼ばれるタイプの細菌への感染）では*imd*（*immune deficiency*：「免疫不全」）遺伝子が主にはたらく。
＊＊33ページの注を参照。

ーロッパでの夏季研修講座を開いている。生物学を学ぶ学生たちが、国や専門分野、職業の枠を超え、興味や進路の幅を広げられるようにすることがその狙いだ。彼女がかつてポスドクとして滞在したスウェーデンでの研修では、同国の海軍兵学校出身で、現在は米国商船隊の船長を務める夫、インゲマール・オルソンが学生たちを案内する。

「宇宙バエ」の論文が発表された二〇一四年以降、NASAは継続してハエを宇宙に送るようになった。二〇一八年には国際宇宙ステーションに小型の遠心加速機が設置され、ハエの免疫系のはたらきを調べるプロジェクトも始まった。NASAだけでなく、欧州宇宙機関（ESA）、ロシア連邦宇宙局（ロスコスモス）も共同で国際宇宙ステーションにハエを送り、国の垣根を越えて実験をおこなっている。将来、宇宙ステーションの中で重力を生じさせたり、さらには人工的に重力感知のしくみを活性化させたりして、ヒトが免疫力を保ったまま宇宙に長期滞在できるようになる可能性がある。

かつて世界初の「宇宙バエ」プロジェクトを率いたキンブレルは、この展開を喜んでいる。生物学研究を通じて宇宙への憧れを実現した彼女は、民間企業による宇宙旅行計画にも興味を持っているようだ。

「うれしいですね。今ではこの分野にたくさんの研究室が参入していますし、それに、私のグループがおこなった重力関連の研究が、宇宙旅行をする上での課題を知るのに貢献していることが幸せです。研究が続いているいま、私は宇宙旅行の未来に希望を持っているんです」

NASAから支援を受けた研究プロジェクトの成果はすべて一般公開されることになっており、「宇宙飛行士遺伝子」や宇宙バエの研究内容についても、NASAや各大学のウェブサイト等から世界中の人々が自由に閲覧することができる。その中には、研究の道を目指す若者や、宇宙への旅を提供しようとする民間企業の研究者もいることだろう。先人たちの研究成果をもとに、世代、組織、国境を越えた共同プロジェクトが数多く進められている。

人類初の宇宙飛行を成功させた翌日、政府機関紙の記者から米国の宇宙開発計画について聞かれたユーリイ・ガガーリンは、こう答えていたという。

「宇宙には、誰にとってもありあまるほどの余地があります」

ガガーリンが初めて宇宙空間に出てから数十年。宇宙飛行士たちの名を冠した遺伝子を通じて、人類は地球の外へと広がる新たな世界を開拓しようとしている。

2　ムサシ（宮本武蔵）――「二刀流遺伝子」を見出した二人

仄暗い暁闇《ぎょうあん》の中。うっそうとした山裾の林で、剣士は一人、戦っていた。どの木の後ろにも、どの岩の陰にも、敵の影が潜んでいる。剣士の顔はすでに蒼白、額に巻かれた晒し布は、ほのかに桃色に滲んでいた。わあっ、と鬨《とき》の声が上がり、敵が一斉にこちらへ向かってくる。剣士は素早く後退し、藪の間へと身をそらすと、ひらりと崖を駆けのぼった。

背後にそびえる山々の間に、彼は夜明けを告げる金色の光を見た。

開けた野原へ敵勢を引きつけると、剣士は必死の戦いを再開した。何十人もの敵を左右に翻弄し、陣形の端を切り崩す。だが、多勢を相手に切り結ぶ戦いは、わずかな隙も命取りになる。背後に気配を感じた彼は、とっさに左手で懐の小刀を取り出していた。右手の大剣で敵を薙ぎはらい、左手の小刀で別の敵を突く。無我夢中で二本の刀を動かすうちに、敵は一人、また一人と倒れていった。辺りを照らす朝の光の中、野原の奥にひとすじの活路を見てとると、一瞬の間をついて剣士は駆けだした。

吉川英治の小説『宮本武蔵』には、戦乱の世に生まれた主人公が、書物や人々との出会いを通じて剣の道を切り開いていく過程が描かれている。

二刀流の開祖とされる剣豪、宮本武蔵に「たけぞう」という幼名を与えたのは吉川の創作である。暴れ者として疎まれていたこの青年は、故郷の宮本村を飛び出し、野望を抱いて戦場に潜りこむも、敗軍の残党として追われる身となる。自暴自棄になっていた彼の身柄をとらえ、古今東西の書物に囲まれた幽閉生活を送らせたのは、宮本村を訪れていた若き禅僧だった。

三年後に謹慎を解かれた青年は、故郷にちなんだ「宮本武蔵《むさし》」という新たな名を授けられ、身一つで流浪の旅に出る。野山に分け入り、道なき道を歩む中で、武蔵は人々に武術や工芸の才能を見出され、己のあり方に向き合っていくのである。

小説『宮本武蔵』に描かれた時代からおよそ四〇〇年後、「ムサシ（*musashi*）」と名づけられた遺伝子の論文が、日本からはるか離れた米国の研究室から発表された。その立役者となったのは、現地で前後してポスドクを経験した、二人の若き日本人研究者たちだ。最初に遺伝子を見出した岡野栄之《おかのひでゆき》（現：慶應義塾大学）と、後にこの遺伝子の隠れた性質を見抜き、「ムサシ」という名前を与えて世に送り出した中村真《なかむらまこと》（現：松山大学）である。一九九四年に発表された命名報告論文では、中村と岡野の二人を筆頭に、岡野の同僚だったジュリー・A・ブレンディ（現：ペンシルベニア大学）、研究室主宰者のクレイグ・モンテル（現：カリフォルニア大学サンタバーバラ校）が名を連ねている。当時、この論文の著者たちはいずれもまだ三〇代だった。

挫　折

ムサシ遺伝子発見の舞台となったのは、米国・メリーランド州のジョンズ・ホプキンス大学医学部だ。一九八〇年代末、同大で研究室を立ち上げたばかりだったモンテルの下に、最初のポスドクの一人として在籍したのが岡野だった。

高度経済成長期の東京に生まれた岡野は、周囲の人々に見守られながら、のびのびと好奇心旺盛な少年に成長していった。地元の中学では、大人びた友人グループの影響から、科学者たちの著書を読みふけるようになった。

猛勉強の末、私立大学の付属高校に合格した岡野の夢は、系列の大学に進学して物理学者になることだった。ところがほどなくして、彼は自分が大きな思い違いをしていたことに気づく。彼が進学を予定していた慶應義塾大学には、当時、物理学科が設置されていなかったのだ。* 物理学者を目指すのであれば、内部進学を諦めて他の大学を受験しなければならない。だが、すでに高校受験で疲れ切っていた岡野は、気が進まないまま決断を先延ばしにしていた。

いよいよ覚悟を決めなければならなくなった高校三年生の時、岡野は何の気なしに参加した内部進学説明会をきっかけに、医学の道に進むことを考えるようになる。彼はそれまで、医学といえば患者の治療に当たる医師（臨床医）のことしか知らなかった。しかし、説明会で知った**基礎医学**という領域では、病気やけがの治療法を開発するため、人体の構造や機能についての研究がおこなわれているという。岡野は折しも、理論物理学者であるエルヴィン・シュレーディンガーの著書『生命とは何か』を読み、生命現象を扱う研究に興味を持ち始めていたところだった。

岡野は一歳の時に父を亡くしていたが、その上司であった男性には、折に触れて報告や相談をさせてもらうなど、幼い頃から支えられていた。医学部入学が決まったことを報告すると、事故で脊髄を損傷し、車椅子の生活を送っていたこの男性はことのほか喜んでくれたという。

「私のように事故で歩けなくなった患者さんを、もう一度歩けるように治してほしい」

恩人からかけられたこの言葉は、漠然と研究の面白さに惹かれていた岡野に、医学研究者が背負う使命の大きさを実感させるものだった。

その後、大学の授業や実習を通じ、岡野は「まだ治せない病気を治せるようにしたい」という思いを強めていく。中でも、彼がとりわけ関心を寄せたのが、がんの研究だった。岡野は物心つく前に父を、大学入学後には母を、いずれもこの病気で亡くしていた。医学部生活の後半には、ここだと決めた研究室の門を叩き、がんの原因を探る研究に取り組んだ。折しも、細胞のがん化を引き起こすウイルスの研究を元に、生物のゲノムに隠れている「がん遺伝子」の存在が予測され始めていた。地道に研究を進めていけば、これまで知られていなかったがん遺伝子を、この手で見つけ出せるかもしれない。

しかし、医学部卒業を目前に控えたある時、岡野を愕然とさせる出来事が起こった。米国の研究グループから、がん遺伝子の発見を告げる論文が立て続けに発表されたのだ。

＊同大に理工学部ができ、物理学科が設置されたのは、岡野の高校卒業より後の一九八一年だった。

一九七〇年代後半から八〇年代にかけて、米国ではがん遺伝子発見をめぐる競争が展開されていた。国内外から全米各地の有力研究機関に着任した研究者たちが、のちに「ラス（*ras*）[*]」と呼ばれることになるがん遺伝子の一種をほぼ同時期に突き止め、『ネイチャー』誌に次々と論文を発表した[**]。

岡野はそれまで、こうした米国の研究者たちを自らの「ライバル」だと思い、彼らを自力で追い越すつもりで研究に取り組んできた。だが、発表された論文群を目にした彼は、その質、量の両方に圧倒されてしまった。ここに丸腰の自分が乗り込んでも、とても太刀打ちできない……。そう痛感した岡野は、がん遺伝子の研究を諦める決断をした。医学部を卒業して医師免許をとり、博士号取得を目指しながら大学の研究室で助手を務めていた時のことだった。

武者修行

がん遺伝子の研究を断念した岡野だったが、遺伝子を通じた医学研究という切り口には、依然として大きな可能性を感じていた。生き物にとって重要な遺伝子は、種《しゅ》が違っても共通して使われていることがある。つまり、モデル生物を使って病気に関わる遺伝子を見つければ、そこでの研究成果をヒトにつなげられる可能性があるのだ。考えを巡らせる中で頭に浮かんだのが、神経研究にこの視点を持ち込む案だった。脊髄を損傷した恩人のように、神経に関わるけがや病気で苦しむ人々は多い。**人体の「設計図」である遺伝子のはたらきに着目することで**、失われた神経細胞を再生させるなど、これまでの手法のみでは叶わなかったことを実現できるかもしれない。

新たな可能性に目を向けた岡野は、初めは母校の研究室（医学部生理学教室）、続いて、神経科学者の御子柴克彦《みこしばかつひこ》（現：東邦大学、上海科技大学）が主宰していた大阪大学の研究室で助手を務め、神経についての知見を深めていった。そして、この実地での研究実績を元にして、母校に博士号（論文博士***）の学位を申請した。博士号を授与されることは、本格的に研究の道を歩んでいく上で大きな意味を持つ。それは、木刀で剣術の練習を続けてきた見習い剣士が、道場から本物の刀を持つことを許されるのと似ているかもしれない。岡野はその刀を手

＊*ras*：rat sarcoma（ラットの肉腫）。ヒトのがん細胞から見つかった遺伝子が、ラット（実験用の大型のネズミ）の腫瘍から見つかった遺伝子と同様のものだったことから。

＊＊この経緯については『がん遺伝子の発見』（黒木登志夫著、中公新書、一九九六年）に詳しい。

＊＊＊大学院生として研究や授業に参加するのではなく、実地で一定期間の研究経験を積みながら、研究内容をまとめた博士論文を提出し、学位審査会（口頭発表や試問による）を受けることで博士号を取得する制度。

に、遺伝子工学の最先端となっていた米国で武者修行をし、遺伝学と神経医学を組み合わせた研究分野を開拓することを夢見ていた。

そうなれば、次に考えるのは修行の場に当たる留学先だった。最初に思い当たったのが、モデル動物であるキイロショウジョウバエを材料に、遺伝子工学の新技術を駆使して研究を進めていた、カリフォルニア大学バークレー校（UCバークレー）のジェラルド・M・ルービン（現：ジャネリア・リサーチ・キャンパス）*、同じくUCバークレーのコーリー・S・グッドマン（現：同大非常勤教授、起業家）らの名前だった。彼らと面識はなかったものの、岡野は論文に書かれていた研究室の住所に手紙を送り、見学の約束を取り付けた。

太平洋を渡り、カリフォルニア州北部のバークレーを訪れた岡野は、グッドマン研究室、ルービン研究室を順に見て回った。多忙なルービンとは五分ほどしか話せなかったが、代わりに研究室の人々とたっぷり話すことができた。当時、ルービン研究室はすでに大所帯となっており、十数名の学生や研究員たちが、それぞれ学位取得や独立に向けて機をうかがっていた。その一人が、『サイエンス』や『セル』などの有名誌に論文を立て続けに発表していた、ポスドクのクレイグ・モンテルである。視覚など、生き物が外界からの刺激を受け取る上で必要なタンパク質、「TRP《トリップ》チャネル**」の発見を報告したモンテルの論文には、岡野も非常に注目していた。

話をするうちに、岡野はモンテルがまさに独立を間近に控えていることを聞かされた。遺伝子を通じて、視覚に関わる神経のはたらきを研究するのだという。岡野が神経研究に対する思いを伝えると、話はその場でまとまった。モンテルの着任先が決まり次第、岡野を研究室のポスドクとして迎え入れるという。緑あふれるUCバークレーのキャンパスを後にした時、岡野の心は希望に包まれていた。青空の下、遠くに見えるサンフランシスコ湾を望みながら、彼はこれから始まる研究生活への期待に胸を膨らませていた。

日本に帰国した岡野のもとに、ほどなくしてモンテルから独立の知らせが届いた。いよいよ、あの青空の下での研究が始まる！　そう意気込んだ岡野だったが、行き先を聞かされて驚いた。モンテルが研究室を構えるのは、岡野が見学に訪れたカリフォルニア州ではなく、大陸の反対側にある東海岸のメリーランド州だという。着任先となるジョンズ・ホプキンス

＊第2章「3　ヴァン・ゴウ（ファン・ゴッホ）」参照。
＊＊Transient receptor potential channel（一過性受容器電位チャネル）。モンテルがルービンの下で発見したのは視覚（光受容）を担うTRPチャネルだったが、その後、温度、圧力、痛みなど、さまざまな刺激に反応するTRPチャネルが発見されている。

大学医学部があるのは、当時、米国の中でも治安の悪い都市として知られていた、ボルティモアという街だった。

「スパイク」

一九八九年、未知の環境に戦々恐々としながら、岡野はボルティモアの地に降り立った。大学の近くにも危険な地域があるため、研究室には車で通わなければならない。仕事で現地に派遣されていた同級生からアパートと中古車を引き継ぎ、現地での生活をスタートさせる。大阪大学の研究室に籍を残してきた関係で、滞在期間は二年間と決まっていた。

研究室の主宰者であるモンテルは、米国東海岸に生まれ育った後、大学からポスドク時代までを西海岸のカリフォルニア州で過ごした。数々の業績を上げ、三三歳という若さで独立したモンテルは、岡野とも四歳しか年齢が離れていない。それまで年の離れた研究者たちに師事してきた岡野は、この若いボスの下での生活に戸惑った。おまけに、立ち上げ直後の研究室はこぢんまりとしており、設備も人員もまだ十分に整っていない。他の研究室が廃棄しようとした実験装置を譲り受けたり、使い捨ての器具を洗って再利用したりしながら、わずか数名のメンバーがてんてこまいで研究を進めていた。岡野が日本でこれまで在籍してきた研究室や、かつて見学に訪れたルービンらの研究室とは大違いだった。
岡野の困惑をよそに、モンテルその人は張り切っていた。彼の表情には興奮と緊張感がみなぎり、岡野と顔を合わせるたびに「研究は進んでいるか?」、「何か発見はあったか?」と聞いてきたという。当時、ボルティモア近郊の研究室の間では、各研究室の関心に合わせた遺伝子を見つけるため、さまざまな遺伝子にランダムに変異が入ったハエたち（変異体ライブラリー）*を融通し合う取り決めをしていた。モンテルは岡野ともう一人のポスドクに、このライブラリーを使った大規模なプロジェクトを割り当てた。目の構造や神経の反応など、視覚に関わる異常を持つハエたちを網羅的に探し出し、その原因となった遺伝子の変異を突き止めるのである。

岡野を特に苦しめたのが、エレクトロレチノグラムという、いわばハエの脳波測定のような実験だった。目の神経（視神経）にセンサーとなる電極を取り付けて、光を受け取った時の神経の反応を調べる。そのためには、キイロショウジョウバエの直径一ミリメートルにも満たない頭に電極を置いて脳波を測定することになる。調べるハエの系統は実に八〇〇〇種

＊多様な変異体のコレクションを、本を集めた図書館（ライブラリー）にたとえてこう呼ぶ。

類。しかも、それぞれの系統について、複数の個体を使って同じテストを繰り返す。朝から晩まで休みなく作業をしても、岡野には一日に一〇〇匹をテストするのがやっとだった。異国での生活の苦労も重なり、岡野は三ヶ月で体重が一〇キログラムも落ちたという。

だが、その年の暮れも近づいていたある日、岡野はついに、興味深い特徴を持つ変異体を発見した。通常、視神経が光の刺激を受け取ると、ハエの「脳波」は急上昇した後に急下降し、鋭い山形のパターン（スパイク）を示す。しかし、この変異体では視神経が刺激に正しく反応せず、スパイクの形が乱れていた。

岡野はこの変異体に「スパイク（*spike*）」という仮の名前をつけ、実験の結果を論文にまとめ始めた。神経の反応パターンの違いを記録するかたわら、異常を抱えているとおぼしき遺伝子（スパイク遺伝子）の塩基配列を手探りで解読していく。現在では技術革新により、この解読（シーケンシング）の過程を一日足らずで終えることもできるが、当時は何ヶ月もの時間がかかる大変な作業だった。それに比べて、二年間という滞在期間はあまりに短い。急ピッチで作業を進めても、論文の詰めとなる実験までは終えられそうになかった。

そんなある時、岡野は久しぶりの休暇を兼ね、日本に一時帰国することになった。日本での上司だった御子柴は、愛知県岡崎市にある国立基礎生物学研究所（基生研）にも研究室を構えていた。彼を訪ねて基生研を訪れた岡野は、そこで、海外留学の機会をうかがっていたあるポスドクと出会う。この青年が、窮地に陥りかけた研究の活路を切り開き、「スパイク」と呼ばれていた遺伝子に新たな名前を与えることとなる。

起死回生

岡野の紹介を受けてボルティモアに渡ったこの青年の名は、中村真という。

北海道の道央部に生まれ育った中村は、野生動物の研究をしたいという野心を抱いて生物学の世界に足を踏み入れた。憧れていた北海道大学に入学すると、さっそく「ヒグマ研究グループ（通称・クマ研）」というサークルに入り、夏の大雪山にテントを張ってヒグマとの邂逅を待ち望んだ。山に二ヶ月こもり、実際にヒグマを見られたのは一〇回足らずだったが、その姿を自分の目でとらえた経験は、彼の心に大きな印象を残したという。

中村にとって誤算だったのは、野生動物を研究する道の前に一つの関門が設けられていたことだった。彼が在学していた北海道大学では、当時、教養課程でさまざまな科目を学んだ後に、専門の学科への進学希望を出すことになっていた。だが、それぞれの学科には定員があり、その枠に入れるかどうかは成績順で決まる。中村は第一希望の学科に入れず、第二、第三希望の選からも漏れた。そうして最後にたどり着いた先が、野生動物の研究からはほど遠い、薬学部薬学科だった。

少しでも動物のことに近づこうと、中村はここで、生き物の味覚の研究に取り組んだ。手術で動物の口の中にセンサー（電極）を埋め込み、味を感じるための神経細胞（味細胞《みさいぼう》）の反応を測定するという繊細な実験である。初めはイヌ、続いてラット（実験用のネズミ）を使って研究を進めた中村は、クマ研時代を振り返り「扱う動物がどんどん小さくなってしまいましたね」と苦笑する。とはいえ、科学というレンズを通して詳しく観察を続けていくと、その小さな生き物の中にもやはり多くの発見があった。同大の大学院に進学した中村は、研究成果を次々と論文にまとめて発表していった*。

かつて夏山でヒグマの姿を追い求めた中村は、この頃、野生動物に代わる新たな対象を追いかけるようになっていた。それが、遺伝子である。

中村が学生生活を送った一九八〇年代後半、遺伝子を通じて生命現象を理解しようとする流れはますます盛んになっていた。遺伝子発見の動きが加速したこの時代は同時に、**遺伝子の名づけ**の機運が高まった時代でもあった。その立役者の多くは、ポスドクや学生などの若手研究者たちだった。さまざまな国や地域にルーツを持つ彼らは、自ら発見した遺伝子に、母国の言葉や文化にちなんだ名前をつけることがあった。ドイツ語や中国語に由来する遺伝子名が次々と登場する中、インディアナ大学ブルーミントン校（米国インディアナ州）のトーマス・C・カウフマン、同校で博士号を取得したバーバラ・T・ワキモト（現：ワシントン大学）らによる「フシタラズ（*fushitarazu*：節足らず）**」遺伝子の命名は、中村を含めた日本人研究者にとっても大きな刺激となったという。「名前をつけてしまえば、その名前が記号となって流通していくんです」と中村は語る。それまで知られていなかった遺伝子も、いったん名前を与えられれば人々の注目を集め、研究が発展していく。研究者たちにとって、新たな遺伝子を見つけることは、自らの手で研究の新たな分野を開拓する第一歩でもあったのだ。

九〇年に博士号を取得した中村は、ポスドクとしていくつかの共同研究に参加しながら、遺伝子発見の中心地である米国への留学の機会をうかがった。九州大学の谷村禎一《たにむらていいち》の下では

＊日本での味覚研究を、中村は五本の論文にまとめて発表している。中村は、こうした実績の積み重ねが、渡米後に研究助成金の受給者として採択される上でも助けになったのではないかと振り返る。

＊＊約三〇個の椎骨が連なった脊椎（背骨）を持つヒト、数十対の脚を持つムカデなど、動物の体のつくりには同じ構造（体節）の繰り返しがよく見られる。フシタラズ遺伝子に異常が生じているハエでは、この体節の数が通常より少なくなる。

左から岡野、モンテル、中村。1991年９月、モンテル研究室にて（岡野栄之氏提供）

味覚に関わる遺伝子の探索を手伝い、そこでの縁から、基生研の御子柴研究室にも顔を出すようになった。彼が一時帰国中の岡野に出会ったのはこの時である。

「アメリカの研究者に紹介するよ」

岡野に言われて英文の履歴書を渡すと、それを見たモンテルからすぐに声がかかった。

実は当時、中村はすでに米国のとある研究室との間で留学の相談を始めていた。だが、すでに大所帯となっていたこの研究室では、中村に興味を示してはくれたものの、受け入れの条件を整えるのが難しいという。そこに、「人手が足りない、すぐにでも招き入れたい」というモンテルから誘いがきたのである。独立してまだ数年の若手であり、研究分野も異なるモンテルのことは知らなかったが、中村は思い切ってその誘いに応じてみることにした。

一九九一年、渡米直後の中村の給与は、年額一万六〇〇〇ドルと決して多くはなかった。*ボルティモアに到着した中村は、岡野がモンテル研究室を去るまでの三ヶ月間、彼と同じアパートに寝起きして研究の引き継ぎをおこなった。岡野の帰国後は、ジョンズ・ホプキンス大学の壁にあった「同居人募集」の貼り紙を見て米国人ピアニストとルームシェアをした。岡野との三ヶ月に続き、和気藹々《あいあい》とした同居生活を思い描いていた中村だったが、生活時間の違いから互いにほとんど顔を合わせない日々が始まる。言葉や文化の壁が行き違いを生み、時には喧嘩にもなった。相手の残した苦情のメモに片言の英語で反論を書きながら、「俺はいったい、何をやってるんだろう……」と悩んだという。

＊その翌年、他国に渡って研究をおこなうポスドクのための国際助成金制度（ヒューマン・フロンティア・サイエンス・プログラム長期フェローシップ）に応募して採択されたことで、状況は大きく改善したという。当時の助成額は、給与分に相当する生活手当が年額二万ドル、それとは別に、研究費補助が一万ドルだった。ちなみに、二〇一九年現在の同フェローシップの助成額は、米国での研究の場合、生活手当が三年間で一四万ドル（一年あたり約四万七〇〇〇ドル前後）、研究費補助が三年間で一・五万ドル（一年あたり五〇〇〇ドル前後）である。

そして肝心の研究も、思うようにはいかなかった。

岡野から託された「スパイク」遺伝子の論文は、ほぼ完成していた。あとは、神経の反応パターンの異常の原因が、確かにこの遺伝子の変異にあることを示すばかりだった。そのために、岡野は正常なスパイク遺伝子の塩基配列を突き止め、その配列を、ウイルスを使って変異バエに送り込んでいた。「設計図」の誤植を訂正するために、ページの差し替えをおこなうのである。中村はそのハエをテストし、視神経の反応パターンが正常に戻っていることを確かめれば良いだけのはずだった。

ところが、いざその検証実験を始めてみると、反応パターンは「差し替え」をおこなう前とまるで変わらない。それはすなわち、**この遺伝子に起きていた変異が、神経の反応パターンの異常とは無関係である可能性**を示していた*。これまで調べてきた現象への関与が確認できない以上、論文は世に出せそうにない。追い詰められた中村は、この遺伝子が持つ特徴を改めて洗い出すことにした。もはや「スパイク」とは呼べないこの遺伝子に、なんとかして見どころを探そうとしたのである。

中村は、岡野が使っていた変異体に加え、自らの手で同じ遺伝子を壊したハエを数百系統つくり、それらに共通する性質を調べることに決めた。一朝一夕には終わらない実験を、彼は持ち前の粘り強さで進めていく。すると、両親双方から遺伝子の異常を引き継いだ場合、さなぎから羽化の直後にかけての時期に死んでしまうハエが多いことがわかった。では、このハエたちはなぜ死ぬのだろうか？

彼はふと思い立って、死んださなぎを実体顕微鏡[**]のレンズ越しに覗き込んだ。そして、先の尖ったピンセットを両手に持つと、それらを使って、さなぎの表面を覆う殻を剝き始めた。学生時代から動物の手術や神経細胞を扱う実験をこなしてきた中村にとって、こうした細かい作業は慣れたものだ。先端をやすりで丹念に研いだピンセットは、切れの良い刃物のように殻を裂いていく。中に隠れていたさなぎの本体が姿を現すと、中村はそれを薬液につけて乾燥させ、表面に金属の微粒子を吹きつけてコーティングした。こうしてミクロの金属膜で

＊岡野と中村によると、このスパイク変異体の謎は最後まで解けずじまいだった。変異体が作られた段階で、たまたま他の遺伝子にも変異が生じており、それが神経の反応パターンに影響したのかもしれない。この場合、いくら「スパイク」遺伝子の差し替えをおこなっても、他の遺伝子の変異が原因となって起こった異常は消えないままだ。

＊＊対象物を薄切りにして観察する顕微鏡（透過観察型顕微鏡）とは異なり、対象物をそのままの形で、大きな虫眼鏡で覗いたように観察できる。

覆われたさなぎを、何やら大きな装置の中に入れる。机の上から天井近くまで達するこの装置は、走査型電子顕微鏡といい、物の表面の微細な構造を観察するためのものである。外から余計な光が入らないよう、装置の周囲は暗幕で覆われている。

暗がりの中で、中村は装置の電源を入れ、つまみやスイッチを動かした。すると、装置から目に見えない電子のビームが発射され、金属の薄膜で覆われたさなぎの表面を隅から隅へとなぞり始める。小さなテレビモニターにぼうっと浮かび上がった白黒の観察像を見て、中村はあっと声を上げた。さなぎの体表に規則正しく生えているはずの毛が、バサバサに乱れていたのである。

「これはすごいぞ……」

この時中村の目には、単なる毛の乱れを超えた、大きな異常の存在が映っていた。

モンテル研究室へ来ることを決める前、中村はUCサンフランシスコのユーヌン・ジァン（詹裕農）の研究室に留学を打診していた。ジァン研究室では生き物の体がつくられるしくみ（発生）を専門としており、中村もその分野の論文に目を通していた。その中には、体全体のつくりに関わる重要な遺伝子の異常が、ハエの毛並みの乱れという形で表れる事例がいくつかあったのだ。*中村が目の前にしている変異体が死んだのもちょうど、みずみずしく細

変異体に生えた二本の毛

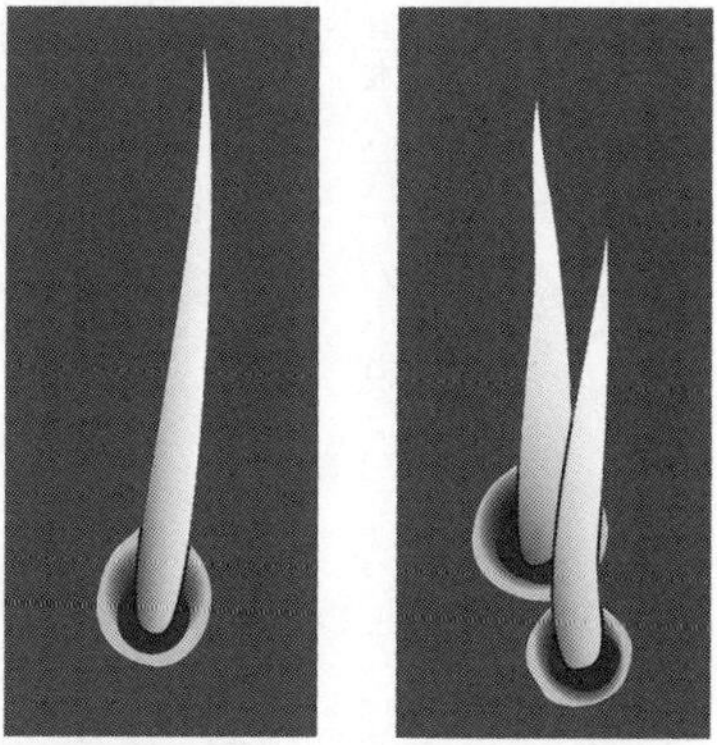

正常な遺伝子をもつハエ（野生型）の毛

遺伝子変異体の毛の一例

（中村真氏提供の写真を元に作成）

長い体の幼虫から、翅の生えた毛むくじゃらの成虫へと、ハエの体のつくりが劇的に変化するさなぎの時期だった。

　走査型電子顕微鏡が映し出した変異体の毛並みは、見れば見るほど興味深い様子を示していた。**本来、一本の毛が生えるはずの場所に、二本の毛が並んで生えている。**中村は遺伝子の真の力を世に伝えるべく、実験の準備にとりかかった。

ふた振りの刀

　新たなはたらきが明らかになりつつある今、「スパイク」と呼ばれていた遺伝子には新たな名前が必要だった。自分が命名者になるかもしれない、という高揚感に包まれながら、中村は遺伝子命名の伝統に従い、一本のはずの毛が二本になってしまうという生物学的な性質

＊第2章「3　ヴァン・ゴウ（ファン・ゴッホ）」も参照。

に根ざした名前を提案しようと考えた。もちろん、日本語の名前である。一本が二本、一本が二本……悩む頭にふと浮かんだのが、二刀流の剣士、宮本武蔵だった。

「えっ、ムサシ？」

怪訝な顔をする研究室の人々に、中村は「二本のソード（剣）を持ったサムライだ」と説明して回った。

「毛が二本になるなら、『スプリット・エンド（枝毛）』はどうだ？」というモンテルには、「毛先が分かれるんじゃありません。毛穴から毛先まで、すべて揃った毛が丸ごと二本あるんです」と切り返す。意外にも、宮本武蔵という人物そのものに対しては特段の思い入れがなかったという中村だが、日本語の名前をつけたいという思いは強かった。

すでに帰国し、日本で「改名」の報告を受けた岡野も、この新しい名前には親しみを感じたという。

「『宮本武蔵』の小説は、けっこう好きだったんですよ」と話す岡野は、「スパイク」の名が消えたことは惜しみつつも、以後は「ムサシ」を好んで使うようになっていった。

中村の読み通り、ムサシは体の形づくりにおいて重要なはたらきを持っていた。

生き物の体をつくる細胞は、一つの細胞が二つに、二つの細胞が四つに……と、分裂を繰り返しながら増えていく。もし、これらの細胞が互いにまったく同じ姿のまま、数ばかり増えていくのであれば、私たちの体の複雑な構造は生まれない。二つに分かれた細胞がそれぞれ違った姿やふるまいをとること（細胞の**非対称分化**）により、単一の種類の細胞の集まりには生み出せない、精巧なはたらきが生まれるのである。左右の手に大小二本の剣を握り、それらを見事に使い分けたという宮本武蔵のように、ムサシは、**分裂によって生まれる二つの細胞に異なる形と役割を与える。**

この遺伝子が壊れると、別々のふるまいをとるはずだった細胞どうしが、同じ挙動を示すようになってしまう。中村が変異体を観察して見つけた二本の毛も、まさにその産物だった。この毛を生やした細胞たちは本来、一方が毛をつくり、もう一方がその毛の根元で神経をつくる役割を担う。この神経は、ハエが風向きや匂いなど、周囲の状況を感じとる上で重要なものだ。ところが、ムサシが壊れていたことで、二つの細胞の非対称性が破れ、どちらも毛をつくる細胞になってしまったのだ。中村の撮影した顕微鏡写真には、ぴたりと並んだ二つの毛穴から伸びる、ふた振りの刀のような毛が写っている。変異体に正常なムサシを送り込むと、細胞の非対称性は復活し、さなぎの時期にハエが死ぬこともなくなった。

中村は以上の結果を論文にまとめると、岡野、ブレンディ、モンテルとの連名で、一九九九四年一月に『ニューロン』誌に投稿した。査読を経て、同年の七月に掲載された論文には、参考文献の一つとして小説『宮本武蔵』の英語抄訳版（チャールズ・S・テリー訳、一九八一年、講談社インターナショナル）が挙げられている。およそ四〇〇年前の日本に生きた剣豪の名が、神経科学の専門誌を通じて世界の研究者たちに伝わったのである。

私たちの中にも「ムサシ」はいる

戦国の世から江戸幕府の治世へと時代が移る中で、宮本武蔵のような浪人たちの立場は少しずつ変化していった。身一つで名をあげた武芸者の中には、流浪の旅を経て諸国の大名に迎えられ、大勢の門下生を束ねた者もいる。

遺伝子をめぐる研究事情もまた、時代の中で変化を迎えていった。生物の遺伝情報を網羅的に調べ上げるゲノムプロジェクトの進展や、遺伝情報を人為的に書き換える遺伝子編集技術の発達により、研究は未知の遺伝子の発見を競うものから、見出された遺伝子どうしの関係性を解き明かし、より大きな生命現象の中での位置づけを知るものへと変わっていった。

小さなハエから見つかったムサシ遺伝子は、その後の研究により、アフリカツメガエルからマウスまで、幅広い生き物に存在することが明らかになった。さらには、私たちヒトも例外ではないとわかったことで、ムサシに関する知見を医学研究に応用する動きがにわかに広がり始めた。名づけ親である中村がかつて見抜いた通り、遺伝子の発見が新たな研究分野の発展につながったのである。

遺伝子の命名報告から二年後の一九九六年、ひと足先に日本に帰国し、筑波大学で研究チームを率いていた岡野は、東京大学の榊原伸一《さかきばらしんいち》（現：早稲田大学）らとともに、ムサシを手がかりにした新たな研究論文を発表した。

ムサシ遺伝子の作るタンパク質は、分裂したばかりの細胞や、新しく生まれたばかりの細胞に多く含まれている。このタンパク質を目印にマウスの脳を見渡してみると、発生途中の胎児の脳だけでなく、すでに成長を終えた成体（おとな）のネズミの脳でも、神経が新たに生み出されている痕跡が見つかった。このように、体内で新たな細胞を生み出す細胞のことを**幹細胞**と呼ぶ。

また、一九九八年にコーネル大学（ニューヨーク州）の研究チームが中心となって出された論文では、岡野らとの共同研究により、ヒトの成人の脳でも同様の痕跡が見つかったことが論じられている。かつては衰える一方だと考えられてきた成人の脳にも、失われた神経細胞を補充する幹細胞があるのかもしれない。ヒトを対象とした研究はさらに広がり、二〇〇三年には腸、二〇〇五年には乳腺、二〇一三年には肺の幹細胞でも、それぞれムサシのはたらきを示す論文が発表された。

細胞が増えていく過程で重要な役割を果たすムサシだが、一方で、人体にとって不都合な細胞の増殖にも関わっていることがわかってきた。それが、がん細胞である。これを逆手にとり、がん細胞でのムサシ遺伝子のはたらきを封じることで腫瘍の成長を抑える研究も進められている。二〇一六年に『ネイチャー』誌に発表された論文では、UCサンディエゴの研究グループが、膵臓がんの治療につながる試験を成功させたことが発表された。このグループと共同研究を進める岡野は、「MD（医学博士）として、いつか人間の病気の研究につなげたいという思いがあったんです」と語る。一度はがんの研究を断念した岡野は、図らずもムサシという遺伝子を通じて、学生時代に抱いた夢を再び追いかけている。

後年の宮本武蔵は、兵法書『五輪書《ごりんのしょ》』などの書物を著し、絵画、書、工芸品を残すなど、多芸多才の人として知られた。彼の名を冠したムサシ遺伝子も、それに負けないほど多くの生命現象に関わり、研究分野を超えて注目を集めている。二人の研究者によって見出され、二刀流の剣豪の名を与えられたこの遺伝子は、これからも新たな研究の世界を切り開き、人々に希望の光を届けていくことだろう。

コラム③――創作・神話にちなんだ遺伝子名

「2　ムサシ」では、命名者の中村が小説『宮本武蔵』を論文の参考文献に挙げていた。そこでこのコラムでは、創作や神話など、架空の物語にちなんだ遺伝子名の例を紹介する。

◎映画

不屈のボクサー『ロッキー』――バルボア（*balboa*）

痛覚に関わる遺伝子（第4章「3　炎シリーズ」参照）。映画『ロッキー』シリーズの主人公で、痛みに負けず戦うボクサー「ロッキー・バルボア」にちなんで。

『マトリックス』の登場人物たち――ニーヨ（*neyo*）**、トリニティ**（*trynity*）**、モーフェイヤス**（*morfeyus*）**、ニオブ**（*nyobe*）**、サイファー**（*cypher*）

映画『マトリックス』シリーズの登場人物名（Neo、Trinity、Morpheus、Niobe、Cypher）をもじった命名。細胞外マトリックス（骨や軟骨など、細胞の構造を外側から支える組織）を形作る遺伝子群。

『墜落パイロット』――ブルッフピロート（*bruchpilot*）

一九四一年公開のドイツのコメディ映画『Quax, der Bruchpilot〔「墜落パイロット」クアックス〕』にちなんだ名前。平凡な主人公クアックスが懸賞に応募したところ、目当てのペア旅行ではなく、プロペラ機の操縦訓練に当選してしまう。この遺伝子に変異のあるキイロショウジョウバエは飛行が安定しないことから。

◎アニメ・漫画

飛べない鳥――トゥイーティ（*tweety*）

飛べないハエの変異体の研究から発見された遺伝子。アニメ『ルーニー・テューンズ』の黄色い小鳥「Tweety」が飛ばないことから。同じプロジェクトで見つかった遺伝子群には、他にも「ペングウィン（*penguin*：ペンギン）」、「ドードー（*dodo*）」、「カカポ（*kakapo*：フクロオウム）」、「スティーマー・ダック（*steamer duck*：フナガモ）」など、飛べない鳥にちなんだ名前がつけられた。

永遠の赤ちゃん――マギー（*maggie*）

この遺伝子が壊れたキイロショウジョウバエの変異体は、幼虫の段階で発生（次節「3 ヴァン・ゴウ（ファン・ゴッホ）」参照）が止まり、それ以上成長できない。アニメ「ザ・シンプソンズ」に出てくる赤ん坊、マギーは、放送回を重ねても赤ん坊のままであることから。遺伝子にはもともと「*l(3)63Fa*」という名前がついていたが、元の命名論文の著者らに許可をとり、「*maggie*」と命名し直したという。

さまようニョロニョロ――ハティファッター（*hattifattener*）

トーベ・ヤンソンが創作した「ムーミン」の物語に出てくる、各地を放浪するひょろひょろと細長いキャラクター（日本語版では

「ニョロニョロ」）の英語名から。この遺伝子の変異体では、筋肉の神経ができていく過程で、突起の伸びる方向に異常が出る。

◎小説

『ドン・キホーテ』
——セルバンテス（*cervantes*）**、キホーテ**（*quijote*）**、ロシナンテ**（*rocinante*）**、サンチョ**（*sancho*）

四種のショウジョウバエの遺伝情報を比較する研究で発見された遺伝子群。スペインの作家セルバンテスと、彼の小説『ドン・キホーテ』に登場する人物とロバにちなんで命名された。進化の過程で、セルバンテス遺伝子からキホーテ、ロシナンテ、サンチョの各遺伝子が生まれたと考えられることから。

手引き役の少年
——ラサリーリョ（*lazarillo*）**、ラーサロ**（*lazaro*）

別々に見つかった遺伝子に、偶然同じ由来の名前がついた例。一六世紀スペインの小説『ラサリーリョ・デ・トルメスの生涯』の主人公、ラーサロ（愛称はラサリーリョ）少年から。

ラサリーリョは、神経細胞が突起を伸ばして神経回路をつくる際に、道案内役の一つとしてはたらくタンパク質の遺伝子で、アメリカトビバッタから見つかった。一方、ラーサロ遺伝子は、光を感じとるはたらき（光受容）に関わる遺伝子で、キイロショウジョウバエから見つかった。いずれも、少年が目の見えない主人の誘導役を務めたことにちなんでいる。

◎神話・民話・伝承

ウシでもあり、ヒトでもある——ブチェンタウロ (*bucentaur*)

ウシの脳から偶然に発見されたタンパク質の遺伝子。ヒトにも同様の遺伝子がある。半人半牛の怪物を指すギリシャ語「ブーケンタウロス」にちなんで名づけられた。

未確認生物——イエティ (*yeti*)

クロマチン（第3章「2　ムーンシャイナー」参照）の形成に関わる遺伝子。ヒマラヤ山脈に生息するとされる未確認生物「イエティ」にちなんだ名前。研究開始当初、遺伝子がゲノム上のどこにあるかがわからず、姿を突き止められない謎の存在だったことから。後に、先述のブチェンタウロ遺伝子と親戚（ホモログ）関係にあることが判明した。

豊穣の精——ココペリ (*kokopelli*)

シロイヌナズナから発見された、精子・花粉の形成に関わる遺伝子。ネイティブアメリカンのホピ族の伝承に出てくる、子を授け豊穣をもたらす精霊・男神「ココペリ」から。

若き女神たち——マーグー (*magu*)、ヒービー (*hebe*)

中国神話の不老不死の仙女「麻姑《マーグー》」と、ギリシャ神話の青春の女神「へーベー」の英語名にちなんで。麻姑は長い爪を持ち、若い娘のような姿をしている。へーベーは宴会で神々に不死の薬を配る給仕役。遺伝子はいずれも、キイロショウジョウバエの寿命とメスの多産性に関わる。

3　ヴァン・ゴウ（ファン・ゴッホ）――うねる筆致と研究者の苦悩

「ひまわり」や「糸杉」、「星月夜」などの作品で知られるオランダ出身の画家、フィンセント・ファン・ゴッホ。およそ二〇〇〇点の絵画を残し、現在も世界中の人々に感銘を与えている彼だが、その短い生涯は波乱と苦しみに満ちたものだった。

二〇代前半で画商の仕事を解雇された後、信仰によって貧しい人々に寄り添おうと決意したファン・ゴッホは、宣教師になることを目指しながらヨーロッパ各地を転々とする暮らしを送っていた。だが、彼は自らの信念を貫こうとするあまり、人と意見がぶつかることも多かった。行く先々で人間関係を築こうとしては破綻し、伝道活動においても、あまりに熱心な姿勢が人々を遠ざけた。仕送りや手紙で自分を支えてくれた弟、テオとも、しばしば激しい喧嘩をすることがあった。

ファン・ゴッホが画家としての道を歩み始めたのは、苦しい立場に置かれた人々の尊厳を絵によって表現するためだった。作品づくりへの姿勢を追求した彼は困窮し、テオからの経済的な支援で暮らしをつないでいた。

一方、彼と同世代の画家たちの中には、若くして実業家として身を立て、余暇の一つとして絵に取り組み始めた者もいた。それが、ポール・ゴーギャンだ。株式売買と絵画の取引で財を成したゴーギャンは、パリの金融恐慌によって大きな窮地に陥るものの、絵を描くことで再び活路を見出していく。画商や他の芸術家との交流など、それまでの経験が画家の道に進む上でも役に立ったようだ。ファン・ゴッホとの間に交流が生まれたのも、画商の支店長を務めていたテオが、ゴーギャンの絵を買い取って顧客に販売したことが一つのきっかけだったという。

周囲から敬遠されがちな存在だったというファン・ゴッホも、心の底では人々との親しい交わりを求めていた。フランス南部のアルルでは自らの絵の題材にもなった「黄色い家」を借り、同年代の画家たちとともに学び合う共同生活の場を作ろうとする。だが、結局そこで暮らし始めたのはゴーギャンただ一人だった。そのゴーギャンさえも、制作スタイルの違いを受け入れられなかったファン・ゴッホの干渉に耐えかね、すぐに彼の元を去ってしまう。

ファン・ゴッホの晩年の作品には、独特の渦巻くような筆使いが見られる。そこには、彼が抱えていた情熱と苦悩が表れているのかもしれない。彼が画家として活動した期間はわずか一〇年ほどにすぎないが、その作品は今も人々に愛されている。

そんな彼の死から一〇〇年以上が経った一九九八年、遺伝学の専門誌『ジェネティクス』に、「ファン・ゴッホ」という遺伝子についての論文が掲載された。悩み多き画家の名を冠した遺伝子の研究は、彼の人生と同様、紆余曲折の経緯をたどっていた。

ハエの毛並みを筆致になぞらえて

ファン・ゴッホ（*van gogh*：英語では「ヴァン・ゴウ」と発音する）遺伝子の命名報告をおこなったのは、米国・ヴァージニア大学のアドラー研究室の面々だ。論文には、当時大学院生だったジョブ・テイラーを筆頭に、ポスドクのナターシャ・アブラモヴァ、技術職員のジャネット・チャールトン、そして、研究室を率いるポール・アドラーが名を連ねている。*

ヴァージニア大学で二〇年近く研究室を運営してきたアドラーは、研究者としてはすでに中堅からベテランの域に入っていた。彼がライフワークとして取り組んできたのは、細胞や

＊コラム①「遺伝子研究に携わる人々」参照。

組織が持つ方向性の研究である。私たちの体に上下や前後の違いがあるように、体を構成する一つ一つの組織にも方向性がある。* 中でも彼が注目していたのが、皮膚や腸の内壁など、細胞がタイルのように敷き詰められたところに生じる方向性だ。これを「**平面内極性**（planar polarity）」と呼ぶ。

犬や猫の飼い主は、ペットたちの毛並みにも「極性」があることを知っているだろう。頭から尾の方へ、その流れに沿って背中を撫でれば、触り心地はするりと滑らかだ。一方、尾から頭へと反対向きに撫でると、毛が逆立って抵抗を感じる（魚を料理する時のウロコ取りと同じだ）。また、音を聞き取る内耳や、喉の粘膜の細胞にも、それぞれ毛のような構造がある。私たちが音の高低を聞き分けたり、喉に入ってきた異物を外に押し出したりできるのも、平面内極性によって細胞が同じ方向に毛を生やしているおかげだ。その見事な規則性は、いったいどのように生まれるのだろうか。

その問いに取り組む材料の一つとして使われていたのが、この本ではすっかりおなじみのキイロショウジョウバエだ。小さなハエたちの体にも、実は細かな毛が生えており、そこにはやはり平面内極性が見られる。一九六八年に出版された『キイロショウジョウバエの遺伝的変異（Genetic Variations of *Drosophila melanogaster*）』という専門書には、遺伝子の突然変異によって毛並みに異常が生じたハエの記録がいくつか残されている。その一つを見てみよう。
「胸部の剛毛は内向きにカールしており、しばしば波打っている。（中略）翅《はね》の縁と足に生えた毛はほとんど直立している」（訳は本書の著者による）
これは、一九四〇年頃に初めて報告された、ある変異体についての記載だ。この変異体は偶然、フリッツルド**という遺伝子に異常が生じており、毛の生えかたが通常のハエとは違っていた。こうして脈々と受け継がれた研究の成果により、一九八〇年代までに平面内極性に関わるいくつかの遺伝子が発見されていたが、それだけでは説明がつかないこともまだ多く残されていた。重要なパズルのピースがいくつか欠けていたのである。
そんな中、体の形づくりを研究する発生学者たちの中には、ハエに突然変異が生じるのを運に任せて待つのではなく、化学物質や放射線などを使って積極的に変異を起こし、平面内極性に関わる遺伝子を網羅的に探そうとする動きが起こり始めていた。その牽引役の一人となったのが、アドラーだった。

＊第1章「1　マージャン」参照。
＊＊ *frizzled*：「縮れている」。

ある現象に関わる遺伝子を効率よく探す上では、体のどのような特徴に注目するかが鍵となる。ハエの全身を顕微鏡でくまなく観察してきたアドラーは、一見、透明に見える翅の表面に生えた、微細な毛に目を留めた。胴体や頭などとは違い、ハエを生かしたまま切り取ることができる器官である翅は、毛を観察する上でも、変異体に子孫を作らせる上でも都合がいい。体長わずか二ミリメートルほどのハエから切り取った、さらに小さな翅をじっくり眺めたアドラーは、そこに広がる見事な毛並みに目を奪われたことだろう。翅の付け根から、翅の先へ。どの個体の翅を見ても、その毛並みは驚くほど同じ向きに揃っている。それは、並んだ花が一斉に太陽の方角を向く、真夏のひまわり畑のような光景だった。

こうしてアドラーの研究室では、さまざまな遺伝子を変異させたショウジョウバエを大量に用意し、翅の毛に異常を示すものを探し求める日々が始まった。ハエに一匹ずつ二酸化炭素で麻酔をかけて眠らせ、指先の震えを抑えながら、二枚の翅のうち片方を切り取って保管する。大変な根気を要する作業が続く中、ある日に一系統、別の日に一系統と、ちらほらと毛並みに異常のあるハエが見つかり始めた。それらを慎重に新しい容器へと移して、子孫を残させる。あとで遺伝子の解析をおこなうためである。

その中で、アドラーたちはある変異体に目を留めた。翅の表面を拡大した標本写真には、渦を巻くような毛並みが写し出されている。遺伝情報を調べてみると、まだ誰も調べたことのない未知の遺伝子に変異が入っていた。

彼らはその遺伝子に、苦悩と情熱の画家、ファン・ゴッホの名を与えた。変異体の翅に見られる、うねるような毛の流れが名前の由来である。

有望だと思われていた研究

新たな極性関連遺伝子の発見に、アドラー研究室での期待は高まっていた。博士号取得を目指してアドラーの下へやってきた大学院生、ジョブ・テイラーも、その興奮を現場で共有していた一人だった。大学院に入学したばかりだったテイラーは、慣れない実験に奮闘しながらこの研究に参加し、ファン・ゴッホ遺伝子の役割を明らかにしようと意気込んでいた。

当初おこなわれた大規模な探索では、ファン・ゴッホ遺伝子に変異の入ったハエが二系統見つかっていた。だが、研究チームのトップであり、この分野で長く研究に取り組んできたアドラーは、遺伝子の機能をたった二ヶ所の小さな変異から結論づけるのはまだ早いと考えていた。

彼らは探索の方法にひと工夫を加え、ファン・ゴッホ遺伝子に狙いを定めてさらに多くの変異体を探した。新たに見つかった八系統の変異体は、それぞれファン・ゴッホ遺伝子の中の異なる箇所に変異が起きていたが、どれもが毛並みの異常を示した。やはり、この遺伝子は平面内極性を左右する重要な遺伝子なのだ。あとは、どのような異常が起きているかを詳しく調べて、遺伝子の役割を解明すれば一丁あがりだ。

　ところが、研究を進めるにつれ、この遺伝子の一筋縄ではいかない性格が徐々に明らかになってきた。異なる変異体どうしの標本写真を並べてみると、どことなく違和感がある。アドラーの指示の下、翅を注意深く見比べたテイラーたちは、毛並みに微妙な違いがあることに気づいた。新たに見つかった八系統は、初めの二系統と比べて毛のうねり具合が強かったり弱かったり、中には、細胞に生える毛の数が変化するものまであった。この遺伝子の役割は決して単純なものではない。ファン・ゴッホ遺伝子は、一ヶ所がわずかに変わるだけでその姿がまったく違うものになってしまうような、複雑な遺伝子だったのだ。

　とはいえ、ここで恐れをなして立ち止まるわけにはいかない。ファン・ゴッホ遺伝子のはたらきを解き明かす手がかりを、彼らは他の遺伝子との関係性から探ろうと考えた。先ほど触れたように、平面内極性に関わる遺伝子は他にもいくつか存在する。これらの遺伝子はいずれも毛の様子にちなんだ名前*を持ち、その変異体は、毛の乱れ方はそれぞれ違うものの、どれも毛並みに影響が出る。平面内極性は、こうした遺伝子どうしの相互作用によって制御されているのではないかというのが、当時の予想だった。

キイロショウジョウバエを扱う大型研究機関の中には、世界中で集められたハエの変異体を飼育・維持し、研究者に提供するための専門施設（ストックセンター）を擁しているところがある。アドラーはそうした施設に次々と連絡をとり、「くせ毛」のハエたちを片っ端から取り寄せていった。テイラーたち研究員が、それをファン・ゴッホ変異体と掛け合わせていく。生まれた子孫の性質を調べることで、遺伝子どうしの助け合いや上下関係を推測し、ひいては平面内極性を作り上げる巧妙なネットワークを描き出そうとしたのだ。

そんな彼らを翻弄するかのように、交配実験の末にさなぎから這い出した子バエたちは、実に多様な毛並みをなびかせていた。ある「くせ毛」遺伝子の変異体は、ファン・ゴッホ変異体と掛け合わせることで、毛のうねりがより強烈になった。だが、別の変異体は、掛け合わせにより、縮毛矯正術を施したかのようにおとなしい毛並みになった。

さらにテイラーたちは、複数の系統のファン・ゴッホ変異体を使って、同じ交配実験をし

＊ *frizzled*（「縮れている」）の他に、*prickle*（「ちくちくしている」）、*dishevelled*（「ぼさぼさの」）、*inturned*（「内向きに曲がった」）、*fuzzy*（「毛羽立っている」）など。

てみた。すると、その子孫はますます異なる毛並みを持つようになり、中には正反対の結果を示すものさえ出てきた。アドラー研究室の面々は混乱して頭を抱えたのではないだろうか。論文の第一著者となったテイラーは、後に『モレキュラー・バイオロジー・オブ・ザ・セル』誌に寄稿したエッセイでこう綴っている。

「有望だと思われていた研究の多くが、最終的には行き止まりになってしまうものだ」

彼が学生時代に取り組んだ研究もまた、行き止まりにぶつかりかけていた。

嵐の先に

テイラーたちは過去の数々の文献に当たり、他の遺伝子とファン・ゴッホ遺伝子との関係性を明らかにすべく、絡まり合った糸をほどこうと必死に食らいついた。だが、こちらの結果を説明する仮説を立てれば、今度はあちらの結果の説明がつかない。ベテランの指導者であり、この分野を熟知していたアドラーにとっても、それは同じだった。自分たちが掲げた解釈に対し、すぐに自ら不備を指摘することが、研究室の中で繰り返された。

当時の苦しみは、後に彼らが発表したファン・ゴッホ遺伝子の報告論文からも見てとれる。一つの段落の中に、逆接の接続詞「however（しかしながら）」が何度も登場し、「complex（複雑な）」という形容詞が至るところに顔を出す。その筆致は、彼らがたどった紆余曲折の過程をなぞり、論理の道筋がうねりとなって読者を翻弄するかのようだ。

彼らの前には暗雲が垂れ込めていた。ファン・ゴッホ遺伝子の研究は、乱気流に乗った飛行機のごとく迷走した末、このまま着地点を見つけられずに墜落してしまうのかと危ぶまれた。

すると突然、機体は雲を抜け、眼下にまぶしい光景が広がる。ひまわり畑だ。目を凝らしてみると、そこには一斉に空を見上げた花々が咲いている。……だが、畑の隣り合う区画には、不思議と異なる方角に顔を向けた花が並んでいた。

彼らを嵐の外へと導いたのは、アドラーの原点に立ち返った実験だった。

細胞が自らの極性を調節する上では、実は、大きく分けて二つのしくみが関わっているとされる。一つは、それぞれの細胞が自分の極性を独自に判断する「細胞自律的」な調節、もう一つは、周りの環境に影響されて極性を決める「細胞**非自律的**」な調節である。

前者の細胞自律的なしくみについては、同時代の多くの研究者たちが注目し、研究も盛んに進められていた。一九八二年、当時スペインに拠点を置いていたデイヴィッド・ガブとアントニオ・ガルシア＝ベリドによって発表された論文もその一つである。アドラーの良きライバルでもあった彼らは、四つの極性関連遺伝子の変異体を使い、それらの遺伝子によって細胞内で自律的に極性調節がおこなわれているようだと論じた。ただし彼らは、それと一致しない「例外」の観察結果に触れることも忘れなかった。それは、ある極性遺伝子が壊れている細胞の周りでは、正常な細胞もつられるように毛が乱れるというものである。この結果は「極性の発現が完全には細胞自律的ではないということを示唆する」ものだと、彼らは論文に記していた。

この短い記述に、アドラーは目を留めた。その五年後、彼は同じ極性関連遺伝子を使ってこの現象を追求し、『ネイチャー』誌に発表した。彼は、それまであまり重視されてこなかった非自律的な調節にスポットライトを当て、隣り合った細胞どうしが伝言ゲームのように極性の情報をやりとりしている可能性を示したのである。

それから一〇年、テイラーたちは、アドラーがかつて用いた手法を再び駆使して、ファン・ゴッホ遺伝子が隣の細胞に与える影響に迫ることにした。その鍵となる実験が、「遺伝的モザイク」のハエを作ることだった。

動物は通常、体中どの細胞をとっても同じ遺伝情報を持つ。しかし、遺伝的モザイクの状態になった動物の体では、異なる遺伝情報を持った細胞どうしがパッチワークのように混在している。例えば、数万匹に一匹といわれる非常に珍しいオスの三毛猫の中には、この遺伝的モザイクのものがいる。母親の胎内でオスとメスの胚細胞が混じり合うことにより（猫は同時に何匹もの子を妊娠する）、本来はメスにしか出ない三毛模様が、オスの体にまだらとなって生じるのである。*

こうした天然の遺伝的モザイクは偶然のいたずらによって生まれるが、一九九〇年代に発展した遺伝子工学の技術により、その状態を人為的に生み出すことが可能になった。ハエの体の一部の細胞にファン・ゴッホ遺伝子の変異を起こし、その周りには正常な細胞がある、という状況を作ることができるのだ。

遺伝子に変異を起こすために使われるのは、ハサミのようなタンパク質（酵素）だ。この特殊なハサミ**は、あらかじめ目印のついた場所***だけを狙って遺伝子を切り落とす。アドラーたちは、ハサミの設計図となる遺伝子をハエに持たせた上で、ファン・ゴッホ遺伝子の近くに目印をつけ、狙い通りに変異が起きるようにしておいた。ちなみに、このハサミの遺伝子

＊ただし、オスの三毛猫のほとんどは、染色体異常によって、X染色体（第4章「1　オギ、メギ」参照）の数がメスと同じ二本になることで生まれる（性染色体の組み合わせはXXY。通常は、メスがXX、オスがXY）。
＊＊「flip（はじき飛ばす）」という言葉にちなんで、フリッパーゼ（フリッペース）と名づけられている。
＊＊＊「FRT（flippase recognition target：フリッパーゼ認識標的）」と呼ばれる。

には、熱に応じて「オン」と「オフ」が切り替わるスイッチ(熱ショックプロモーター)が仕込んである。温度が高い時にはハサミが作られ、低い時には作られない。ハエを飼育する温度を変えることで、狙ったタイミングでハサミをはたらかせることができるのだ。

さて、この手法のさらに巧妙な点は、**加熱にムラがある場合、一部の細胞でしかハサミが作られないところにある。**翅ができる前の幼虫の時期を狙い、摂氏三八度という高温の部屋に三〇分だけハエを置いて、ハサミをはたらかせる。すると、ハサミの影響を受けた細胞でのみ遺伝子が壊れ、周りの大部分の細胞は正常のままというモザイクバエが誕生するのである。この幼虫がさなぎを経て成虫になれば、その翅も遺伝的モザイクになる。問題は、変異細胞と正常細胞が隣り合う領域で、翅の毛並みに何が起きているかだ。ファン・ゴッホ遺伝子が伝言ゲームに関わっているなら、変異細胞の周辺で毛並みが乱れるはずだ……。

テイラーたちが顕微鏡を覗き込むと、変異細胞から遠く離れた正常細胞の毛は、いつものように行儀よく一定の方角を向いて並んでいた。ところが、変異細胞の区画に近づくと、周囲の毛並みがざわざわと乱れ始める。区画の境界では、隣接する正常細胞の毛がはっきりと方向性を変え、まるでその先に禍々《まがまが》しい気配を感じたかのように、変異細胞からそっぽを向いて並んでいた。周りの環境に影響されて毛並みを変えたその姿は、まさに、細胞非自律的な極性の調節を示すものだった。

変異細胞が正常細胞の毛並みを反発させる様子は、複数種類のファン・ゴッホ変異体に共通して、ほぼすべてのモザイク区画で観察された。それはすなわち、ファン・ゴッホ遺伝子に異常が生じたことで、細胞間でのコミュニケーションが乱された結果に他ならない。ファン・ゴッホ遺伝子は、平面内極性の細胞非自律的な調節にとって重要である……これが、テイラーたちのようやく手にした、確固たる結論だった。

変異細胞が周囲の毛並みを**反発させる**という効果は、これまで誰も見たことのない新しいものだった。それまでにガブやアドラーが観察していた「くせ毛」遺伝子の変異体の例では、これとは反対に、まるで変異細胞が引力を持つように、正常細胞の毛並みを引き寄せていた。これら正反対の結果を合わせると、平面内極性の本質が浮かび上がってくる。隣接する細胞どうしが、磁石のように**「引力」と「斥力」**をはたらかせ合うことで、方向性を決めるシグナルが平面上に広がっていくのだ。テイラーたちは苦難の末、平面内極性のしくみを説明する双璧の片方を、世界で初めてとらえることに成功したのである。

異なる戦略、異なる視点

こうして、ついにファン・ゴッホ遺伝子の役割を知ったアドラーたちは、論文の執筆にとりかかった。第一著者のテイラーにとっては、大学院に入ってから初めての論文となる。彼らは波乱続きだった研究の結果を一つ一つ検証し、その解釈に苦心しながらも執筆を進めていった。そして、論文をなんとかまとめ上げ、遺伝学の専門誌『ジェネティクス』に投稿した。査読者たちとのやりとりを経て、論文は数ヶ月後に掲載される見通しだった。

ところが、そんな彼らの元に衝撃的な知らせが舞い込んできた。独自に研究を進めていた別のグループが、同じ遺伝子についての論文を先に発表してしまったのである。その論文では、遺伝子に「ファン・ゴッホ」とはまったく違う名前がつけられていた。

テイラーたちの先を越したのは、当時、米国カリフォルニア州のUCバークレーで研究室を主宰していたジェラルド・M・ルービンと、ポスドクのターニャ・ウォルフ（現在もルービンの下で研究員を務めている）の二人だった。彼らの論文は、アドラー研究室の論文が掲載されるよりも半年ほど前に、発生学の専門誌『デヴェロップメント』誌上に発表されている。彼らはハエの眼の細胞*を使った実験をおこなっていたため、それにちなんだ「ストラビスマス（*strabismus*：斜視）」という名前を遺伝子につけていた。**

ノーベル生理学・医学賞受賞者、シドニー・ブレナー***の下で分子生物学を学んだルービンは、先進的な技術をいち早く研究に取り入れていたほか、実験手法の開発・改良なども手広く手がけており、ハエの研究者たちの間では名が知られる存在になっていた。彼らに先を越されたアドラーたちも、遺伝子を切断する「ハサミ」の操作に、ルービン研究室で改良された手法を使っていたほどだ。

ルービンたちの論文は、遺伝子につけた名前だけでなく、研究の視点も戦略も、アドラーたちのそれとは異なっていた。アドラーは変異体の掛け合わせという古典的な遺伝学の手法に重きを置いていたのに対し、ルービンは先進的な手法も組み合わせた**多角的なアプローチ**で遺伝子の姿に迫り、ハエだけでなく他の動物への普遍化を図ろうとしたのである。

---

*ショウジョウバエの大きな眼（複眼）は、六角形をした小さな眼（個眼）がタイルのように並んでできており、翅と同様に平面内極性のモデルとして使われていた。

**ヒトの斜視の原因遺伝子ではないことに注意。

***南アフリカで生まれ育ち、英国・オックスフォード大学で博士号を取得。遺伝暗号の解読や、線虫を用いた発生学・神経科学研究手法の樹立など、先進的な研究を進めてきた。二〇一九年に死去。

ルービンたちの大きな功績は、ファン・ゴッホ／ストラビスマス遺伝子[*]に書かれている「設計図」の実体を明らかにしたことだった。研究が進められていた九〇年代当時、DNA解析技術はまだ発展途上であり、新しい遺伝子を見つけても、その塩基配列にまでたどり着くのは簡単ではなかった。しかし、医学系研究機関から高額の研究費を手にしていたルービンは、当時初めて一般向けに発売されたばかりの、自動読み取り式の塩基配列解読装置[**]を研究に導入していた。

古典的な手法と最新式の分析機器を組み合わせることで、彼らはファン・ゴッホ／ストラビスマス遺伝子の塩基配列を読み取ることに成功する。その内容をデータベース上で検索したところ、線虫やマウス、さらには、私たちヒトにもよく似た遺伝子があることがわかった。哺乳類で見つかった遺伝子は、「ファン・ゴッホ・ライク（ファン・ゴッホに似ているもの）」と名づけられている[***]。数億年ともいわれる進化の歴史を経てなお維持され、さまざまな種に共通して存在するこの遺伝子は、私たちヒトの体づくりにおいても重要な役割を持つと考えられる。他の研究者たちがおこなった実験からは、内耳の有毛細胞や、胎児の脳の神経細胞など、さまざまな細胞の極性にこの遺伝子が関わることがわかってきた。こうした特徴はどれも、ルービンたちが塩基配列を解読したことから明らかになったものだ。

さらにルービンたちは、研究室のポスドクだったマルク・テリアン（現：カナダのモントリオール大学）とデイヴィッド・ワッサーマン（現：米国のウィスコンシン大学マディソン校）の力を借り、読み取った配列からタンパク質の構造を予測することにも成功していた。設計図から浮かび上がってきたのは、刺繡糸のような細長い体を、細胞の内外を隔てる膜（細胞膜）にしっかりと縫い留めたタンパク質の姿だった。こうした形をとるタンパク質（膜貫通型タンパク質）は、**細胞の内外で物質や情報をやりとりする**役割を担っていることが多い。

ただ、アドラーたちの注目した「細胞非自律的」なしくみへの影響は、なぜかルービンたちの目にはほとんど見えていなかったようだ。****遺伝子発見の第一報では負けたものの、アドラー研究室による実直な実験の成果が、遺伝子のはたらきの本質を描き出し、その後の研究

＊一つの遺伝子に対して同時期に異なる名前がついた場合、同じ遺伝子に関する続報の論文では両者をスラッシュ（／）で区切って併記することが一般的である。
＊＊第4章「1　オギ、メギ」参照。
＊＊＊コラム④「ハエとヒト、生物種による遺伝子命名文化の違い」も参照。
＊＊＊＊二〇〇七年にデイヴィッド・ストラットとヘレン・ストラットが発表した論文では、ルービンと同じハエの眼を材料に、ファン・ゴッホ／ストラビスマス遺伝子変異の効果が再検証されている。そこでは確かに「細胞非自律的」な影響が出たことが示され、ルービンたちが当時それを見つけられなかった理由についても、補遺で詳しく論じられている。

の礎《いしずえ》となった。のちに進められた研究からは、細胞どうしの「伝言ゲーム」を組み立てるパズルのピースがほぼ出揃い、情報伝達の方法についても明らかになってきた。極性関連遺伝子から作られるタンパク質が、互いに引きつけ合ったり、反発したりすることで、細胞内外の適切な位置に収まり、隣の細胞との連絡役になるのだ。ただし、その「引力」と「斥力」が生じるそもそものしくみについてはわからないままである。これからの時代の研究者たちが、その謎を解いていくことになるだろう。

それぞれが描く景色

ファン・ゴッホ／ストラビスマス遺伝子発見をめぐる波乱を乗り越えた研究者たちはいま、それぞれの道を歩んでいる。

多角的な研究スタイルで人々を圧倒したルービンは、現在、米国ヴァージニア州の大型研究機関、ジャネリア・リサーチ・キャンパスの所長を務めている。ハエの変異体コレクションや、遺伝子のはたらきを強制的に変える塩基配列（彼の名前のイニシャルとも重なる「GMR」という略称がついている）など、ルービン研究室で開発されたツールは世界各地で使われ、彼の名をますます世に広めている。また、彼の下でトレーニングを積んだ研究者たちの中には、その後、遺伝学や神経科学など、生物学の各分野でトップを走っている者も多い。

そんなルービンの目下の関心事は、ハエの脳を電子顕微鏡ですみずみまで撮影し、神経細胞どうしのつながりの全容を描いた「地図」を作り上げることだという。彼はジャネリア・リサーチ・キャンパスの神経学者やコンピューター研究者、さらには、テクノロジー企業のグーグルとも手を組み、数年以内のプロジェクト完成を見込んでいるようだ。


一方、地道な研究スタイルで遺伝子のはたらきを解き明かそうとしたアドラーは、その後も二〇年以上、ヴァージニア大学の教授として平面内極性の研究に取り組み続け、この分野の重鎮となっている。

アドラー研究室では、ファン・ゴッホ／ストラビスマス遺伝子と同時期に、別の極性関連遺伝子も見つかっていた。アドラーたちはこの遺伝子に、画家ファン・ゴッホの作品にちなんだ「スターリー・ナイト（「星月夜」）」という名前をつけ、一九九九年一一月に『デヴェロップメント』誌に発表した。

ファン・ゴッホ遺伝子をめぐるかつての競争に思うところがあったのか、アドラーはこの論文では方針を変え、複合的な方法でスターリー・ナイト遺伝子の構造とはたらきの両方に迫っている。ファン・ゴッホ遺伝子に続き、実はこの遺伝子をめぐっても激しい競争が起きていたのだが、アドラーは他の研究室と力を合わせただけでなく、*日本で独自に同じ遺伝子を追いかけていた京都大学の上村匡《うえむらただし》らに対しても、分け隔てなく議論や相談に応じていたという。細胞どうしをつなぐタンパク質の研究を専門としていた上村は、この遺伝子をタンパク質の構造にちなんで「フラミンゴ」と名づけていた。**上村らの研究の成果は、アドラーたちの論文が出るよりも二ヶ月早い一九九九年九月、『セル』誌に掲載された。先を越す形になった上村らは、論文の末尾で、アドラーの「心の広さ」に対する深い謝意を述べている。

アドラーの下でファン・ゴッホ論文の第一著者を務めたテイラーは、博士号取得から一年後に、学術の世界を離れて新たな道へ進む決断をした。現在、彼は金融アナリストとして、バイオテクノロジー企業への投資に関わる分析や助言をおこなっている。大学院時代と、その後の短いポスドク時代を合わせて、テイラーが研究に取り組んでいたのは約一〇年間にすぎない。しかし、彼がその間に書き上げた論文は、多くの論文や書籍に引用され、その知見は現在でも研究者たちに引き継がれている。

ファン・ゴッホ／ストラビスマス遺伝子、そしてスターリー・ナイト／フラミンゴ遺伝子が発見された一九九〇年代は、発生学の分野が大きく発展し、何十もの研究室が同様のテーマでしのぎを削る時代だった。アドラーは、二〇一六年に雑誌『サイエンティフィック・アメリカン』誌に寄稿した「細胞の方位磁針（コンパス）」という記事の中で、ライバルたちの研究をふんだんに盛り込んだ解説をおこない、盟友たちの功績を称えている。そこには、かつて画家ファン・ゴッホが夢見た、芸術家たちの共同体に似たコミュニティが形成されていたのかもしれない。

ファン・ゴッホは生前、弟テオへの手紙にこのような言葉を綴っていたという。

「努力し続けることは容易ではない。だが、容易なことにはあまり意味はない」

波乱の環境の中でも前へ進み続け、自らのスタイルを切り開いた人々の前には、それぞれにしか見られない景色が広がっている。

＊韓国・光州科学技術院（大学）のウージン・パクが論文の責任著者となり、同大学の学生らが研究に加わっているほか、英国に拠点を移し、独自にスターリー・ナイト遺伝子を発見していたガブらも論文に名を連ねている。

＊＊細胞の外側、内側に向かってそれぞれ細長く突き出た部分がある膜貫通型タンパク質。突出部をフラミンゴの首と足に、細胞膜に縫い留められた中間部分を胴に見立てて命名された。

第3章　ひとひねり

1　アイム・ノット・デッド・イェット（私はまだ死んでいない）
——遺伝子を壊して不老長寿に？

太古の時代から、人々は永遠の若さを夢見てきた。老いを防ぎ、若さを取り戻せるという「若返りの泉」や「変若水《おちみず》」の伝説は洋の東西を問わず語られ、現代においても、老化の予防をうたう「アンチエイジング」関連の情報が耳目を集める。いつまでも若く、健やかに生きたいという願いは、現代の医学を発展させる原動力にもなっている。

米国・コネチカット州の中央部に位置する町、ファーミントン。緑と水に恵まれたこの地でも、まさにそうした思いに応えようとする研究がおこなわれてきた。ニューヨークやボストンといった大都市から車でおよそ二時間半、高速道路沿いにキャンパスを構えるコネチカット大学医療センターが、その現場だ。

一九九〇年代後半、このセンター内のとある研究室では、老化の研究のためにたくさんのキイロショウジョウバエを育てていた。棚にはずらりとプラスチック製の瓶が並び、その一本一本に、何十匹ものハエと、その餌となる茶色い酵母のペーストが詰まっている。一瞥しただけではどの瓶も同じように見えるが、実はそれぞれ、遺伝情報の少しずつ違うハエが入っている。ある瓶には遺伝子Aが壊れたハエたち、次の瓶には遺伝子Bが壊れたハエたち……というように。どの遺伝子が壊れることで、どれだけ体の老化が加速するのか。その時、ハエの体にはどのような変化が起こるのか。こうして得られた知見を通じて、老化が起こるしくみや、それを抑えるために個々の遺伝子が果たしている役割を探ることが、当時この研究室を率いていたスティーヴン・L・ヘルファンド（現：米国のブラウン大学）の研究テーマだった。

遺伝子の変異と老化の関係を調べるため、ヘルファンドたちはハエの寿命を記録していた。研究室で飼育されているハエは、生後三〇日頃から少しずつ死を迎え始める。だが、ある瓶のハエたちだけは違っていた。みんな妙に健康で、死ぬものがなかなか出てこないのだ。

気味の悪いことに、このハエたちは、本来なら寿命を迎えるはずの時期を過ぎても元気に動き回っていた。四〇日、五〇日、六〇日……不気味なハエたちはなおも平然と生き続け、普通のハエがほぼ全滅する七〇日目になっても、まだ半分以上の個体が生き残っていた。最後の一匹が死んだのは、実に生後一〇〇日近くが経ってからだった。明らかに、何かがおかしい。

実はこのハエたちは、未知の遺伝子に変異を抱えていた。のちに「アイム・ノット・デッド・イェット（*I'm not dead yet*）」（略称：*Indy*《インディ》）と名づけられたこの遺伝子は、人々が古くから願ってきた不老長寿の夢を、現代社会において実現する手がかりになるかもしれない。

「私は死んでないぞ！」

インディ遺伝子の命名論文は、二〇〇〇年、『サイエンス』誌に掲載された。

この短い論文には、ヘルファンド研究室でポスドクをしていたブランカ・ロジーナ（現：コネチカット大学准教授）を筆頭に、大学院生（当時）のスティーヴン・P・ニルセン（現：サイエンスライター、ラボマネージャー*）、同じセンターで研究室を運営していた遺伝学者のロバート・リーナン（現：ブラウン大学）、そしてヘルファンドが名を連ねている。

「アイム・ノット・デッド・イェット（私はまだ死んでいない）」という風変わりな遺伝子名

＊事務や実験の補佐など、研究室運営の管理・補助をおこなう。

を提案したのは、ヘルファンドたちに遺伝情報学の観点から力を貸していたリーナンだ。彼はこの名前を英国のコメディ映画「モンティ・パイソン・アンド・ホーリー・グレイル（モンティ・パイソンと聖杯）」のセリフから思いついたという。そのシーンを少し覗いてみよう。

◇

主人公たちが旅の途中で通りかかったある村では、疫病で多くの住民が亡くなり、その遺体を集める「死体回収屋」が家々を回っていた。そこに、ある村人が年老いた父親の体を担いでやってくる。だが、料金を受け取ろうとした回収屋はぎょっとした顔をする。「死体」であるはずの老人が村人の背中で動き、何かを叫んだのだ。

「私は死んでないぞ！」

「えっ？」

「いや、なんでもない。ほら九ペンスだ」

そう言って、村人は回収屋に料金と父親を押し付けようとするが、父親はなおも叫び続ける。

「私は死んでないぞ！」

こうして、父親を厄介払いしようとする村人と、「死んでいない人を回収することはできない」と言い張る死体回収屋の間で押し問答が始まる。回収屋が思いついたある過激な解決策が、このシーンのオチになっている。*

◇

インディ変異体の平均寿命は、雌雄いずれも、野生型（変異が起きていない個体）の約二倍という驚異的な長さだった。ハエは通常、加齢とともに体力や生殖能力が低下するのだが、この変異体ではそうした変化もあまり見られなかった。つまり、単に長生きだというだけでなく、ヘルファンドが呼ぶところの「健康寿命（healthspan）」も長かったというわけだ。実験をおこなったロジーナによれば、普通のメスが生涯に一三〇〇個の卵を産むのに対し、この変異体のメスではその数が二〇〇〇個近くに上るという。

このハエたちはもともと、米国・ブランダイス大学のスーザン・ボイントンとティム・タ

*気になる読者の方は映画を見てほしい。ヘルファンドはその内容を、「sophomoric humor（高校二年生的なユーモア）」という言葉で表現している。これは、ひねくれた冗談や悪趣味すれすれのジョークを指す用語である。

リー（現：台湾の国立清華大学）が自分たちの研究用に作ったものだった。タリーは脳の記憶に関わる遺伝子を探すため、一九八〇年代からハエのゲノムにランダムに変異を挿入し、何千系統もの変異体を作り続けていた[*]。そのうち、記憶に異常が生じる「当たり」のものは数十系統のみだったが、残りの系統の中にも、他の研究に役立つものが潜んでいる可能性があった。そこで、これらの変異体はタリー研究室からストックセンター[**]へと寄託され、他の研究者たちも自由に利用できるよう継代飼育[***]された。それを活用した研究室の一つが、ヘルファンドのところだったというわけだ。

長寿の秘密

インディ変異体の不思議な性質を目の当たりにした彼らは、その背景を探るため、さまざまな生物の遺伝情報が蓄積されたデータベースを利用することにした。

当時、研究者の間では、一九九〇年代に米国の生物情報科学者[****]たちによって開発された「BLAST[*****]〔ブラスト〕」と呼ばれるコンピュータープログラムが急速に普及し始めていた。このプログラムは、ある塩基配列を入力すると、それに似た塩基配列を持つ遺伝子をデータベースから探し出してくれる。もし、他の生物のゲノムにもインディと似た遺伝子があれば、そこでわかっていることを元に、ハエの寿命が延びた理由も推測できるかもしれない。

リーナンから遺伝情報の解析についての助言を受けたロジーナたちは、さっそくコンピュータを立ち上げ、BLASTのウェブサイトを開いた。入力欄に遺伝子の塩基配列を貼りつけて送信ボタンをクリックし、待つこと数分。*****「検索中」の文字が浮かんでいた画面が切り替わると、そこには驚くべき結果が表示された。ハエから見つかったインディとそっくりの遺伝子が、目に見えないほど小さな細菌、線虫やマウスなどの実験動物、さらにはヒトに至るまで、さまざまな種に存在するというのだ。このことは、インディ遺伝子やその親戚に当たる遺伝子たちが、**太古の時代から動物のゲノムの中にあり、生物全般にとって重要な役**

---

*第4章「2　パヴロフの犬シリーズ」参照。

**第2章「3　ヴァン・ゴウ（ファン・ゴッホ）」参照。

***同じ遺伝情報を持つ個体の集団（系統）が途絶えないよう、同じ集団内での交配を繰り返して何世代にもわたって飼い続けること。実験動物によっては、受精卵などを凍結保存しておけるもの（マウスなど）もあるが、キイロショウジョウバエの場合にはそれが難しいため、生きた個体を繁殖させ続ける必要がある。

****データベースの構築や遺伝情報の解析など、近年の生物学において発展した、大量の情報分析を必要とする研究領域を担う人々。バイオインフォマティシャンとも呼ばれる。

*****Basic Local Alignment Search Tool の略。

******技術や通信網の発達により、現在ではわずか数秒から数十秒で検索が終わる。

割を持つ可能性を示唆していた。

得られた情報を元に調査を進めていくと、インディの仲間の遺伝子からは「輸送体（トランスポーター）」と呼ばれるタイプのタンパク質が作られることがわかってきた。

私たちの体をつくる細胞は、軟らかい膜に包まれた水風船のような構造をしている。この膜の内外に決まった種類の物質を出入りさせることで、細胞は栄養を吸収したり、毒物を排出したりと、生きていく上で重要な活動をおこなっている。その出入りを仲介し、駅の自動改札機のような役割を果たすのが輸送体だ。所定の切符を持っている乗客（物質）だけを細胞膜の中に入れ、目的の路線の電車（生命活動）のプラットフォームへと送り込む。

インディ遺伝子から作られる輸送体が担当する「路線」は、糖や脂肪、タンパク質などを分解し、エネルギーを生み出すプロセス（エネルギー代謝）の中核を担っている。この路線*に必要な物質を送り込み、エネルギー代謝を円滑に進行させるのが、インディ輸送体の本来のはたらきである。ロジーナたちが研究していた変異体では、この重要な輸送体の数が減り、そのはたらきを十分に発揮できない状態になっていた。それにもかかわらず、ハエが長生きするのはなぜなのだろうか？

彼らはこれを「擬似カロリー制限」の作用によるものと予想した。

動物が食べ物を過剰に摂取し続けると、それを処理する中で細胞にダメージが蓄積し、老化が進むと考えられている。研究室で毎日たっぷりと餌をもらえるハエたちにも、同様のことが起きていたのかもしれない。先ほどの駅と乗客のたとえでいえば、乗客を次々と電車に乗せ、満員の状態で休みなく運行を続けることで、車両や線路に過剰な負担がかかり、整備をする間もなく老朽化していくようなものだ。

一方、インディ遺伝子の変異体では、駅で稼働する改札機の数が減り、乗客の入場が制限されたような状態が生じる。すると、乗客の輸送、すなわちエネルギー代謝のペースが落ち、細胞への負荷が軽減される。食事を腹八分目に抑えてカロリー制限をしたわけではないのだが、遺伝子変異によってそれと似た状態が生まれ、「過密運行」によるダメージを避けられるというわけだ。

反証、そして再検証

ロジーナとヘルファンドは、その後も老化と遺伝子の関係についての研究を進め、次々と論文を発表していった。

＊クエン酸回路（TCA回路）と呼ばれる。

インディ遺伝子の発見報告から五年後の二〇〇五年、ヘルファンドはノーベル賞受賞者を多数輩出しているブラウン大学（米国・ロードアイランド州）に移籍し、老化研究センターのトップに就任した。また、コネチカット大学に残って自分の研究室を構えたロジーナも、ヘルファンドの下で取り組んでいた研究を引き継ぎ、発展させていった。インディ遺伝子発見の時点では仮説どまりだった「擬似カロリー制限」の現象についても、その後、実験によって立証している。

ところが二〇〇七年、そんな彼らの主張を真っ向から否定する論文が『プロス・ジェネティクス』誌に発表された。「遺伝的背景および細胞質の背景を補正すると、インディ遺伝子によるハエの寿命への影響は見られない」と題されたこの論文は、英国のユニヴァーシティ・カレッジ・ロンドンでポスドクをしていたヤンネ・M・トイヴォネン（現：スペインのサラゴサ大学）が筆頭著者となり、同大学の教授（現在はドイツ・マックス・プランク研究所と兼任）であるベテランの遺伝学者、リンダ・パートリッジが責任著者を務めていた。

彼らは当初、インディ遺伝子の論文に反論するつもりでこの研究を始めたわけではなかった。ヘルファンド研究室と同様、加齢や老化の分野を専門としていたパートリッジ研究室では、エネルギー代謝に関わる遺伝子のはたらきを抑えることで、ハエの寿命が延びる可能性があることに気づいていた。トイヴォネンたちはそこから、「テクニカルノックアウト（*tko*）*」や「ボンサイ（*bonsai*）**」といったいくつかの遺伝子を選び、寿命との関係性を詳しく調べることにした。その際、彼らは長寿効果が生じたことを判定する目安にするため、ヘルファンド研究室から譲渡されたインディ変異体も使うことにした。

実験をおこなう上で、彼らはハエたちの「遺伝的背景」に気を配った。遺伝子に人為的な操作を加える場合、同時に複数の遺伝子に変異が生じることは少なくない。「A遺伝子の変異によってハエの寿命が延びた」と思っていても、実はBという別の遺伝子にも変異が起きており、そちらが本当の原因になっているかもしれない。また、遺伝子の中には、別の遺伝子との組み合わせによって力を発揮するもの***も多く、ある遺伝子の変異

＊一九七二年、ジャッド、シェン、カウフマンにより記載・命名された。tko変異体は衝撃に弱く、飼育容器が机にぶつかると、その衝撃で失神してしまう。ジャッドらはこうした性質を持つ変異体を複数発見し、まとめて「バング・センシティヴ（打撃に敏感な）変異体」と呼んだ。

＊＊一九九九年、ミレーユ・ガッローニとブルース・A・エドガーによって記載・命名された。変異体の体が大きく成長しない様子を「ボンサイ（盆栽）」にたとえている。

＊＊＊遺伝子どうしのこうした相互作用のことを、専門用語ではエピスタシス（epistasis）と呼ぶ。

によって、別の遺伝子のはたらきが打ち消されてしまうことがある。単独の遺伝子のはたらきを正確に知るには、**着目している遺伝子以外の遺伝情報**（**遺伝的背景**）**をできるだけ統一した上で**比較をおこなう必要がある。そこで、遺伝子に変異を持つハエを、変異を持たないハエ（「野生型」と呼ぶ）と掛け合わせ、そこから生まれた子供の中から変異が残っているものを見つけ出して、また野生型に掛け合わせる。この手順（戻し交配）を繰り返すことで、野生型のハエとほぼ同じ遺伝情報を持ちながら、特定の遺伝子だけに変異を持つハエを作り出せる。

さて、こうして遺伝的背景を揃えたハエを使って実験をおこなったところ、テクニカルノックアウトやボンサイなど、目星をつけていた遺伝子の変異による長寿効果は見られなくなってしまった。やはり、寿命の研究は一筋縄ではいかないようだ。だが、それとは別に意外なことが起こった。比較対象として使っていたインディ変異体についても、戻し交配をすることで長寿効果が見られなくなってしまったのだ。インディ遺伝子の変異は確かに残っているのにもかかわらず、である。

この結果に驚いた彼らは、原因を探るべく実験をおこなった。彼らはそこから、ヘルファンド研究室でインディ変異体の寿命が延びたのは、インディ遺伝子そのものの変異ではなく、他の要因（使われたハエの遺伝的背景や、細胞内寄生菌であるヴォルバキアの感染など）にあると結論づけ、それを論文で発表したのだった。

この論文を読んだヘルファンドらは、すぐさま再検証に着手した。パートリッジ研究室から指摘された問題点を一つずつ確認した上で、ヘルファンドのもとでポスドクをしていたペイユー・ワン（王 培育、現：台湾大学）らの手により、その内容を検証する実験が進められた。そこから導き出された結論は次の通りだ。

（1）反証論文を出したパートリッジ研究室の主張通り、ハエの系統によっては、インディ遺伝子の変異による長寿効果が確かに表れなくなる。これは、それらの系統のハエのX染色体上に*、長寿効果を打ち消すような遺伝子群が存在することが要因のようだ**。

（2）一方で、ヘルファンド研究室で使っていた系統のハエでは、やはりインディ遺伝子

＊第4章「1　オギ、メギ」参照。
＊＊ただし、パートリッジ研究室、ヘルファンド研究室のいずれも、その遺伝子群を突き止めることはできなかった。

そのものの変異によって長寿効果が生じるようだ。パートリッジ研究室でその効果を確認できなかった原因は、ハエに与えていた餌の違いにあると推測される。

インディ変異体の長寿効果を最初に報告した時、ヘルファンド研究室では酵母を豊富に含む**高カロリーの餌**をハエに与えていた。一方、「長寿効果はない」との反証をおこなったパートリッジ研究室では、それに比べて**低カロリーの餌**を使っていた。

論文を読んでこのことに気づいたヘルファンドたちは、さっそく餌に入れる酵母の量を変えてみた。すると、同じインディ変異体でも、高カロリー食を与えた場合は寿命が長かったのに対し、低カロリー食ではその作用は生じなかった。ロジーナたちがかつて推測したように、インディ遺伝子の変異は「擬似カロリー制限」の状態を作り出すことで長寿効果を生む。しかし、**初めから食事のカロリーが低い場合は、その作用を発揮する余地がない**のだ。自動改札のたとえでいえば、乗客が殺到する駅で入場制限をすることには効果がある一方、そもそも乗客の少ない駅では同じことをしても意義が薄い。長寿効果を見つけたヘルファンド研究室も、それが起こらないことを見つけたパートリッジ研究室も、異なる環境下で起こる現象を正しく観察していた。高カロリー条件では長寿効果が見えるが、低カロリー条件で実験をおこなうと、その効果が見えなくなるのだ。

ワンらがおこなった再検証の内容は、トイヴォネンらの反証論文が発表されてから二年後の二〇〇九年、『米国科学アカデミー紀要（PNAS）』誌に発表された。この論文では、パートリッジ研究室の主張に対して強硬な態度を示すのではなく、むしろ彼らの指摘のおかげでインディ変異体の寿命と栄養の関係について理解を深めるきっかけができた、と述べられている。

長寿の秘薬を作れるか？

ハエから始まったインディ遺伝子の研究はその後、私たちにとって身近な健康問題の話題へと広がっていった。

私たちヒトを含む哺乳動物にも、やはりインディによく似た遺伝子が存在する。ロジーナたちはこの遺伝子に「哺乳類のインディ」を意味する「ミンディ（*mINDY*：mammalian *Indy*）」という名前をつけて研究を進めた。マウスやアカゲザルなどの実験動物に高脂肪食を与え続けると、肥満になるとともに、ミンディ遺伝子が活発にはたらく。反対に、ミンディ遺伝子を人為的に破壊したマウス（ノックアウトマウス）では、通常のマウスに比べて肥満状態が生じにくく、高脂肪食に起因する病気の症状も軽かった。ハエと同じく哺乳動物でも、遺伝子の変異が擬似カロリー制限の状態をもたらすようだ。

ヒトにとって、発達した文明社会での暮らしは、ハエにとっての研究室での暮らしと似ているのかもしれない。外敵はいないし、食事に困ることもない。厳しい野生の環境では不利になりうる変化が起きていたとしても、安全で恵まれた環境の中では、それが問題にならずに済む可能性がある。それどころか、本来では不利になるはずの出来事が、かえって有利にはたらくことさえあるかもしれないのだ。ということは、私たちヒトも、遺伝子に手を加えることで夢の不老長寿を手に入れられるのだろうか？

ただ、インディやその仲間の遺伝子は、エネルギー代謝という、いわば生命の根幹を支えるプロセスに関わっている。そのような遺伝子のはたらきを完全に止めてしまうと、かえって健康上の問題が起きる可能性がある。*電車が混み合うからといって改札をすべて廃止してしまうのは、いくらなんでもやりすぎというわけだ。また、ヒトの受精卵や胚に遺伝子操作を加え、特定の遺伝子をあらかじめ取り除こうとする試みには、こうした危険が伴う上、操作の結果が子孫にも受け継がれるという問題もある。インディやその関連遺伝子に手を加えて「不老長寿」を実現するためには、遺伝子を取り除くのではなく、環境や他の遺伝子とのバランスをとりながら、その作用を時間・空間的に制御する技術が必要になってくるだろう。

実は、ロジーナ、リーナン、ヘルファンドの三人は、インディ遺伝子の塩基配列を持つDNA分子や、この遺伝子のはたらきを増減させる操作についての特許を米国で取得している。彼らの目指すところはまだ明らかになっていないが、この先、さらに研究が進めば、その成果を自分の体で試してみたいと考える人も出てくるかもしれない。

現在の人類にとって、太古の時代から受け継がれてきた遺伝子の一部は、もはや無用の長物になりつつあるのかもしれない。インディがその一つであるかどうかはわからないが、役割を失った遺伝子たちは、やがて私たちのゲノムから消えていくだろう。その過程に、人間が自ら手を加える日は来るのだろうか？　そうした「進化」の行方を見届けるには、私たち自身が長生きをする必要がありそうだ。

＊実際に、両親から受け継いだインディ遺伝子がどちらも壊れているハエ（ホモ変異体）には、長寿効果が出ないことが示されている。

2　ムーンシャイナー（密かに蒸留酒を作る人）
――月明かりが照らすゲノムの森の秘密

深く生い茂った森の入り口。張り巡らされたロープの手前に、「立ち入り禁止」と書かれた看板が立っている。だが、その看板の脇をよく見ると、草をかき分けた跡がある。ロープの隙間に体を滑り込ませ、その道無き道に足を踏み入れる。一歩、また一歩と進んでいくと、道は少しずつ開けていった。誰の姿も見えない中、風に擦れ合う木の葉の音がさらさらと響く。

木々の根元に目を凝らすと、そこには枯れ葉や木切れに交じって、鈍い銅色の壺がひっそりと並んでいる。胴回りは古木の幹のように太く、高さは幼児の背丈ほど。それらから伸びる同じ色の管が、あるものはまっすぐに、あるものは蛇のようにとぐろを巻いて、大小の樽につながっている。壺の下に隠れたかまどの火を扇《あお》ぐと、管の先からぽたぽたと透明の液がしたたり落ちる。樽の蓋をそっと開けると、木々の隙間からこぼれた月明かりが液面にきらりと光った。

米国東部を南北に延びるアパラチア山脈。その麓に広がる豊かな大地では、古くから人々の手による酒造りがおこなわれてきた。ヨーロッパから渡ってきた入植者たちは、故郷のレシピと、先住民から学んだこの地の穀物を組み合わせ、独自の酒を造り始めた。圧政を逃れて「新世界」にやってきた彼らにとって、この手づくりの酒は自由の象徴であり、開拓精神の表れでもあった。

アメリカ合衆国が建国され、その領土が広がる中で、酒の製造はますます盛んになった。ウイスキー、ビール、ワインなど、ヨーロッパで飲まれてきた酒が米国でも造られた一方、カリブ海の砂糖プランテーションと縁深いラムなど、植民地とともに発展した酒もあった。農民たちは作業の合間に酒を飲み、カウボーイたちは酒場《サルーン》に集った。消毒用、滋養強壮用として医師たちがアルコール飲料を処方し、商取引の通貨代わりに酒が使われることもあった。

こうして米国の文化に深く根づいた酒は、しかし、社会を揺るがす存在にもなり始めていた。酔って家族に暴力をふるう者がいた。酒に溺れた労働者たちは仕事をしなくなった。各所で禁酒運動が巻き起こり、南部では酒の販売が禁じられるようになった。そして、今から一世紀前の一九二〇年、連邦政府は思い切った対策を始めた。合衆国憲法修正第一八条（「連邦禁酒法」）により、米国全土でのアルコール飲料の製造・販売・輸送を禁止したのだ。だが、この全面規制には問題も多かった。闇酒場が犯罪の温床となり、ギャングやマフィアが街中で勢力抗争を繰り広げる。医療・工業用のアルコールや、不純物だらけの粗悪な酒を口にして、平均して年に一〇〇〇人以上が亡くなった。

社会が重苦しい閉塞感に包まれる中、米国東部の各地では人々が自然発生的に行動を起こし始めた。老若男女が力を合わせ、自分たちが飲むためのささやかな酒を密かに手づくりするようになったのだ。

開拓精神あふれる彼らは、家庭に伝わる昔ながらのレシピを工夫し、手近な材料で酒を造った。家の畑で育てたトウモロコシ。アパラチア山脈の湧き水。穀物や芋などから取り出した糖分。人から人へと受け継がれてきた酵母菌や、作物に付着しているその他の微生物。これらを混ぜあわせて粥《かゆ》状にし、森に隠した壺型の醸造器に注いで発酵させる。取り締まりの目を避け、作業は山奥で夜中におこなわれた。数日後、ふつふつと醸された液をとろ火にかけ、蒸気を銅製の管に送り込むと、冷やされたアルコールが液体に戻り、純度の高い透明な酒がしたたり落ちる。未熟成のコーンウイスキーだ。

澄んだ色に輝くこの酒は、月明かりの下での作業にちなみ、「ムーンシャイン（月光）」と称された。* そして、この酒を造る人々は「ムーンシャイナー」と呼ばれていた。連邦禁酒法は一九三三年に廃止されたが、森の奥では、今でもムーンシャイナーたちが酒造りを続けているらしい。真夜中に山奥を訪れると、さらさらという葉擦れの音に混じって、彼らのささやき声が聞こえてくるという。

時は移り、現代のヨーロッパ。緑あふれるオーストリアの首都、ウィーンから、「ムーンシャイナー」という遺伝子の発見を告げる論文が発表された。研究者たちが光を当てたのは、ウイルスとの闘いの歴史を通じて生物が編み出してきた巧妙なしくみだった。その発見を成し遂げた、開拓精神あふれる研究者たちの姿を覗いてみよう。

本の森の中で

「ムーンシャイナー（*moonshiner*）」遺伝子の命名論文は、二〇一七年九月、総合科学誌『ネイチャー』に発表された。** オーストリア科学アカデミーで当時ポスドクをしていたピーター・レフシン・アナスンを筆頭に、研究員のラスロ・ティィリアーン、セルビアからの短期留学生だったミリツァ・ヴーニャク、そして、研究室主宰者のユリウス（ジュリアス）・ブレネッケが名を連ねている。

実験のほとんどを担当し、筆頭著者を務めたアナスンは、現在、母国デンマークのオーフス大学で研究室を主宰している。「ムーンシャイナー」という名前は誰がつけたのかと尋ねると、彼は苦笑しながらこう答えた。

「考えたのは私です。ただ、不本意だったといいますか……」

学生時代はヒトの培養細胞を主な研究材料とし、ポスドクになってからハエを使い始めたというアナスン。キイロショウジョウバエの遺伝子命名文化に対して、当初は懐疑的だったのだという。

「ばかばかしいと思っていたんですよ。ふざけすぎで、科学らしくないって」

子供の頃から、「物事をおたくっぽく掘り下げる」タイプだったと語るアナスンだが、生物学者になろうと決めたのは偶然だという。地元デンマークで高校を卒業した後のことだっ

＊「ムーンシャイン」の名が特によく知られているが、他にも「ホワイト・ライトニング（白い稲妻）」、「マウンテン・デュー（山の露）」、「ワイルドキャット（ヤマネコ）」など、多種多様な呼び名がある。

＊＊日本語読みでは「アンデルセン」、英語読みでは「アンダーセン」。デンマークでは非常に多い姓だという。

た。

「この先、職業として何をやっていくか考えなきゃいけないと気づいたんです。それで、面白そうな仕事を一〇個ほどまとめてみました。技術者、ジャーナリスト、建築家、医師、分子生物学者……。でも、自分はそもそも個々の仕事についてよく知らないな、と感じまして。そこで、まずは調べ物をしてから自分にふさわしい仕事を選ぼうと判断しました」

アナスンはそれぞれの仕事に関する資料をかき集め、順番に読んでいくことにした。山積みになった中から最初に手にとったのは、分子生物学者についての本だった。ところが、それを読み進めていくうちに、彼はすっかり夢中になってしまう。

「知れば知るほどのめり込むタイプなんです。分子生物学者のことから読み始めたのは、たまたまですよ。ジャーナリストについての資料を最初に読んでいたら、ジャーナリストになっていたんじゃないかと思いますね」とアナスンは笑う。

分子生物学の世界は奥が深く、大学での四年間を通じても興味が薄れることはなかった。その間、いくつかの研究室での体験実習に参加したアナスンは、実社会での具体的な課題よりも、生命のしくみそのものに関わる概念的な問いに取り組む方が好きだと気づいたという。同級生の勧めもあり、大学院ではＲＮＡ*を扱う研究室に入り、細胞内でのさまざまなＲＮＡ分子のふるまいを調べる研究に取り組んだ。

大学院入学から数年が経ち、博士号取得を間近に控えたアナスンは、いくつかの研究室の論文やウェブサイトを見て研究室主宰者たちにメールを送っていた。ポスドク職に応募するためである。その中の一人、ユリウス・ブレネッケは、自身の研究グループを構えてからまだ四年ほどの若い研究者だった。面識はなかったものの、彼はアナスンに返事をくれ、ビデオ通話で短い会話を交わした後、ウィーンでの面接に呼んでくれた。

面接では、自分のこれまでの研究について発表し、ブレネッケ研究室の人々と話をする。アナスンは自身の発表を「学生時代の研究をまとめただけの、平凡なもの」だったと振り返るが、ブレネッケをはじめ、研究室の人々とは気が合ったという。

「グループとしてもうまくいっていそうでしたし、ユリウス（・ブレネッケ）とは科学的な興味も近いかもしれないと感じました。それに、この時はまだ知りませんでしたが、彼はいい指導者でもあったんです」

幸いにして、ブレネッケの側でもアナスンに好感を持ってくれたようだった。博士号を取得し、母校オーフス大学での研究を仕上げたアナスンは、二〇一三年、デンマークを離れて

＊第1章「2　カクセイ」参照。

ウィーンでの研究生活を始めることになった。

サンシャイン・データ

一八四七年に設立されたオーストリア科学アカデミーは、自然科学・人文科学の基礎研究を幅広くおこなってきた国立機関である。ウィーンの中心部に設置されたメインキャンパスは、一八〇〇年代にベートーヴェンが自作曲の演奏を指揮したというコンサートホールなど、音楽の都の歴史もとどめている。

アナスンがはたらき始めた分子生物工学研究所（ＩＭＢＡ）は、そのメインキャンパスから三キロメートルほど離れた「ウィーン・バイオセンター」の中にあった。ガラス張りの近代的な建物には各種の研究所、大学、民間企業が拠点を構え、欧州連合（ＥＵ）内外のおよそ七〇ヶ国から学生・科学者たちが集まる。

アナスンの上司となったブレネッケも、国や地域、さらには研究分野を超えて活躍してきた研究者の一人だ。隣国ドイツ出身のブレネッケは、学生時代にはハイデルベルクを拠点に研究に取り組みながら、米国への短期留学を経験した。その後、欧米で三年間のポスドク生活を経て、二〇〇九年にＩＭＢＡで研究グループを立ち上げた。研究室のウェブサイトには、科学に対するブレネッケの思いがこう綴られている。

「まだ存在すら知られていない未知の謎（unknown unknowns）にあえて挑戦することに、とりわけ興奮を覚えます」

こうした困難な課題に挑む際には、多岐にわたる手法・知識を組み合わせることが必須だとブレネッケは考えていた。研究室では主にキイロショウジョウバエを使っていたが、哺乳類、植物、培養細胞など、異なる研究材料に親しんできた研究員も多かった。ブレネッケ自身も、学生時代には分子レベルの研究のかたわら、ガラパゴス諸島やタンザニアに数ヶ月ずつ出向き、野生動物の生態学研究に参加するなど、幅広い経験を積んできた。

「あらゆる研究機関にとっての最大の財産は、ポスドクと学生です」と語るブレネッケの下、若い研究者やその卵がのびのびと研究に取り組んでいた。

ブレネッケ研究室の探求の主題となっていたのは、ゲノムの中で密かに繰り広げられてきた、**生物とウイルスの遺伝子の攻防**の歴史だ。

本書でこれまで見てきたように、生物は個々の細胞の中に遺伝情報（ゲノム）を保管している。そこでは遺伝子たちが規律正しくはたらき、互いに助け合いながら生命活動を支えている……と思われがちだが、実は、厄介者も紛れ込んでいる。それは、**ウイルス由来の遺伝子断片**（**トランスポゾン**）である。この厄介者は、かつて私たちの先祖の細胞に侵入した一部のウイルス（逆転写ウイルス）*の置き土産で、遺伝子の世界でも「感染」を広げるかのようなふるまいをとる。ゲノムのあちこちを好き勝手に動き回り、他の遺伝子を押しのけたり、壊したりしながら、自らのコピーを次々とばらまいていくのだ。生殖細胞（卵や精子）でトランスポゾンが暴れ出せば、その影響は子孫にも受け継がれる。現在、私たちヒトのゲノムの実に数十パーセントが、こうした逆転写ウイルス由来の遺伝子断片で占められているといわれる**。

もちろん、生物たちもその横暴を黙って受け入れてきたわけではない。何億年にもわたる進化の歴史の中で、トランスポゾンの拡散を抑える「特効薬」のような分子がいくつも生み出され、その設計図や使い方の指示についての情報が、それぞれの生物のゲノムに蓄えられてきた。一見、静かなゲノムの森の陰には、逆転写ウイルスに対抗するための特効薬工場が隠されているのだ。

ゲノムの世界で絶え間なく展開されてきたこの闘いの実態は、長らく研究者たちにも見えていなかった。「特効薬」はおろか、ゲノムの安定性を脅かす敵がいったい何者なのか、その姿をとらえることすら難しかったのだ。トランスポゾンの存在を最初に突き止めたのは、トウモロコシを使って遺伝学研究を進めたバーバラ・マクリントック（コールド・スプリング・ハーバー研究所）だが、彼女が一九五〇年代におこなった先進的な発表は、当時、ほとんど誰にも理解されなかった。彼女がトランスポゾン発見の功績でいくつかの科学・医学賞を授与されたのは、研究発表から三〇年近くが経った一九七〇年代後半以降であり、ノーベル生理学・医学賞を授与されたのは一九八三年のことである。

その後、トランスポゾンのふるまいが徐々に明らかになり、二〇〇〇年代に入って、比較的シンプルな生物（原核生物。細菌などの仲間）による対トランスポゾン戦略については解明が進み始めた。＊＊＊一方、私たちヒトを含め、動物、植物、キノコなどの生物群（真核生物）の戦いぶりは、まだ大部分が闇に包まれていた。近年になってようやくわかってきたのは、ス

＊ヒトをはじめ、生物の遺伝情報はDNAに記録されており、遺伝子がはたらく際には、DNAからRNAへと情報のコピー（転写）がおこなわれる（第1章「2　カクセイ」、第4章「1　オギ、メギ」）。ところが、逆転写ウイルスはその反対に、自らの遺伝情報をRNAに記録しておき、それをDNAへと「逆転写」する。生物の遺伝情報の使い方とは逆行（retrogression）していることから、このタイプのウイルスは「レトロウイルス（retrovirus）」と呼ばれる。代表的なものにヒト免疫不全ウイルス（HIV）がある。（ちなみに、近年問題となっている新型コロナウイルス（SARS-CoV-2）はこの分類には含まれない。）

＊＊ただし、トランスポゾンは常に悪者というわけではない。トランスポゾンの移動・複製の過程で、既存の遺伝子に新たな機能が加わったり、これまでになかった有益な遺伝子が生まれたりと、宿主生物の進化の上で有利な影響が出ることもある。

モールRNA*と呼ばれる分子群の一部が「特効薬」として使われていることだった。

ポスドクとして研究室に加わったアナスンは、キイロショウジョウバエを使ってスモールRNAの合成に関わる遺伝子群を探し出し、トランスポゾンに対する特効薬としての役割に迫るプロジェクトに取り組み始めた。アナスンにとってはゼロからの挑戦だったが、この年、研究の手がかりになりそうな論文が、ブレネッケの古巣であるグレッグ・ハノン研究室（当時はコールド・スプリング・ハーバー研究所、現在は英国のケンブリッジ大学に移転）のベンジャミン・チェクらによって出されていた。彼らは、さまざまな遺伝子のはたらきを人為的に妨げ、トランスポゾンの拡散を抑える作用に影響が出るものを探すスクリーニングをおこなった。その結果、対トランスポゾン戦略に関わっていそうな遺伝子の候補が七四個、浮かび上がっていた。

アナスンはこの七四個の遺伝子のうち、特に重要そうな二〇個をピックアップして、その役割をあぶり出すための高度な解析にとりかかった。

ハエやヒトなど、動物の仲間の体内でスモールRNAの産生を盛んにおこなっている器官の一つが、精巣や卵巣といった生殖巣（生殖細胞を作る器官）だ。生殖細胞にあらかじめ「特効薬」を与えておくことで、子孫をトランスポゾンの影響から守るのである。

アナスンは二〇個の候補遺伝子それぞれを壊したハエの変異体を用意すると、卵巣からスモールRNA分子を取り出し、その量、構成比、塩基配列などを総合的に分析しようと試みた。各種のスモールRNAのうち、トランスポゾンに対抗するために使われるのは特定の種類のもの（pi《パイ》RNAという）である。** 遺伝子を壊した時に、スモールRNAの中でもpiRNA産生量が顕著に減っていれば、その遺伝子は対トランスポゾン戦略に直接関わっている可能性が高いだろう。反対に、さまざまなスモールRNAの量が全体的に減るなら、その遺伝子の役割は対トランスポゾン戦略に特化したものではなく、もっと総合的なものかもしれ

***〈177ページ〉原核生物（細菌など）の細胞内では、侵入してきたウイルスの遺伝子を切断し、ゲノム上の「犯罪者データベース」のような場所（CRISPR（クリスパー）座位）に保存する。以後、ここにある配列と似た遺伝子が見つかるたび、Cas（キャス）と呼ばれるタンパク質群がそれを切断し、動きを封じていく。この記憶・切断機構（CRISPR-Casシステム）は、近年話題のゲノム編集技術など、遺伝学研究のツールとしても応用されており、二〇二〇年のノーベル化学賞の対象となった。

*第4章「1　オギ、メギ」参照。

**「特効薬」となるこのpiRNAは、トランスポゾンの塩基配列を元に作られる。piRNAは自分とよく似た姿のトランスポゾンに取り付き、その破壊を促す。ウイルスの遺伝情報のコピーを使って防御をおこなうところは、右記の注*で触れたCRISPR-Casシステムと共通している。

ない。遺伝子を壊した際の影響が似通っていれば、遺伝子どうしの機能にも共通点がありそうだ……。

こうした多角的な分析によって、闇に包まれていたゲノムの森の中から、個々の遺伝子の役割や関係性が立体的に浮かび上がってくる。研究所内のコア・ファシリティー*で得られた分析結果は驚くほど明瞭で、その中には、「特効薬」づくりの立役者とも言うべき、ひときわ重要そうな遺伝子の姿も見えていた。アナスンは思わず、研究室を率いるブレネッケにこんなメールを送った。

《件名：Sunshine data〔サンシャイン・データ〕（うれしいデータ）》

そのデータの素晴らしさを「サンシャイン（日光）」と呼んだところが、のちの遺伝子の命名を考えると興味深い。輝かしい発見への第一歩は、研究プロジェクトの早期の段階ですでに始まっていた。

教科書的にありえない？

「サンシャイン・データ」を元にした研究は順調に進んだ。最先端の技術が手の届くところにあり、コア施設や周囲の研究室の人々、さらには、同じ分野で研究に取り組む世界各地の研究者たちもよく議論や相談に乗ってくれた。上司のブレネッケは夜遅くまで研究室に入り浸ることもあったというが、アナスンは無理のないよう、日中の時間帯に規則正しく仕事を進めていった。しかし、遺伝子のはたらきの実態を詳しく知ろうとすると、避けて通れない疑問があった。

他の研究者たちの知見により、真核生物はトランスポゾンに対して二種類の対策を併用していることがわかってきていた。一つはトランスポゾンの分身を手当たり次第に片っ端から壊していく地道な対策、そしてもう一つは、**ゲノム上のロックダウン（都市封鎖）**ともいうべき大胆な対策である。

ゲノムを構成するひも状のDNA分子には、各所にヒストンと呼ばれる糸巻きのようなタンパク質がゆるく巻きついていて、遺伝子のはたらきを調節している。ところが、ゲノム上

＊大型・高額の機器が設置され、専門の知識・技術を持つ職員が在籍する共有施設。研究機関内の共通のインフラとして整備することで、高度な技術の導入と運用にかかる金銭的・時間的コストを減らすことができる。コラム①「遺伝子研究に携わる人々」参照。

のある区画でウイルス由来の遺伝子断片が発見されると、付近のDNAがヒストンによってねじり上げられ、硬いロープのような構造(ヘテロクロマチン)に変わる。すると、周囲は規制線が張られたような状態になり、遺伝子や関連分子の出入りが封じられる。このロックダウン作戦により、封鎖区域内のトランスポゾンは身動きがとれずに、他の遺伝子への悪さができなくなるのだ。

ただ、この大胆な対策には弊害もある。封鎖区域への出入りを禁止することによって、これまでその内部でおこなわれ、地道な対抗策として効果を発揮してきた「特効薬」としてのpiRNAづくりにも支障が出てしまうのだ。

先述のように、逆転写ウイルス由来の遺伝子断片であるトランスポゾンは、自分自身の分身を作ってあちこちにばらまく性質がある。つまり、一つの発生源を封鎖しても、その外部にはまだ残党が散らばっている可能性があるのだ。それに対抗する上では、やはりpiRNAという特効薬が有効なのだが、ロックダウンの指示に従うならば、封鎖区域内にあるpiRNA工場の稼働も止めなければならない。

このジレンマの中、生物はどのようにpiRNAを確保しているのだろうか? アナスンがプロジェクトに取り組んでいた当時の定説は、「あくまで立ち入り禁止の規則を守る」というものだった。ロックダウン中、閉鎖区域内でのｐｉＲＮＡづくりは完全にストップする。その間は、封鎖区域外にある別の工場の生産ラインを使って、少量のｐｉＲＮＡを代理で作ってもらう……という考えだ。

まじめなアナスンは、教科書にも載っているこの仮説を疑わなかった。「特効薬」づくりは大切だが、封鎖令は守らなければならない。自分がいま調べている「サンシャイン・データ」の遺伝子は、おそらく、閉鎖区域外にある別の工場の片隅で、ｐｉＲＮＡづくりをほそぼそと手伝っているのだろう。封鎖区域に張り巡らされた規制線は厳重で、その向こうからは物音一つしない……。

しかし、研究室主宰者のブレネッケは、「他のしくみが使われている可能性も切り捨てずにおいた方がいいよ」という。

「でも、教科書的にありえませんよ」

「まあまあ」

そう言って、ブレネッケは他の可能性を探ってみるよう、やんわりと提案を続けるのだった。

そんな中、コア・ファシリティーで情報解析の責任者を務め、あの「サンシャイン・データ」を出してくれたマリア・ノヴァチコワという生物情報学者が、あることを教えてくれた。彼女の話によると、「特効薬」づくりの主役だと思われる遺伝子の構造は、ヒトが持つ「TFⅡA」という遺伝子によく似ているという。

　このTFⅡA遺伝子から作られるタンパク質（転写因子ⅡA）は、ヒトの生命活動には欠かせない花形の因子である。仲間のタンパク質たちを取りまとめ、あらゆる遺伝子の転写*をおこなう。「サンシャイン・データ」の中心となっていたハエの遺伝子も、実は他の因子を密かに取りまとめ、ロックダウンの規制下でも活発に「特効薬」づくりをおこなっているのではないか……ノヴァチコワの話はそんなことを示唆していた。

　彼女の話に半信半疑だったアナスンだが、提案に従って分析をおこなってみると、とてつもなく明瞭な結果が出た。piRNAが盛んにつくられている卵巣の細胞を調べてみると、封鎖のロープが張られているはずのゲノム上に、たくさんの「サンシャイン」タンパク質が見つかったのだ。しかもそのタンパク質は、RNA分子を作り出す仲間のタンパク質群を周りに引き連れているではないか……。

新規の発見、受け継がれる名づけ

TFⅡAとの類似性から、「サンシャイン」タンパク質の正体とそのはたらきが解き明かされようとしていた。一つの発見が別の発見を照らし出し、闇に隠れていた現象の実態が少しずつ明らかになっていく。学生時代はヒトの細胞を扱い、ハエを使った実験には手探りで取り組んできたアナスンだったが、積み重ねられる発見の数々に、徐々に手応えを感じ始めていた。ティリーアンとヴーニャクという学生たちがおこなった検証実験からも、やはり明瞭な裏づけが得られている。このままいけば、近いうちに成果を論文にまとめることもできるだろう。

そこで、アナスンはこのタンパク質の設計図となる遺伝子に正式な名前をつけることにした。ヒトのTFⅡAは、この分野の研究者なら誰もが知る有名な遺伝子だ。それに似ている遺伝子には、当然この名前しかない。研究室内のミーティングで、アナスンは自信たっぷりにこう宣言した。

「私はこの遺伝子を、『TFⅡA類似遺伝子一番（*TFIIA-like 1*）』と名づけようと思います」

ところが……誰一人としてこの名前には賛意を示さない。重苦しい沈黙の中、研究室を率いるブレネッケがたまらず声をかける。

「もっとショウジョウバエっぽい名前はどうかな？　つまり、変異体の特徴か、遺伝子の機

＊第1章「2　カクセイ」参照。

能を何かにたとえた名前ってことだけど……」

ハエの遺伝子命名文化になじんだ周りの人々は皆、ブレネッケの言葉にうなずいていた。学生時代にヒトの細胞を使った研究をしてきたアナスンは、当初の命名案の背景を苦笑しながらこう振り返る。

「ヒトの遺伝子には、伝統的にアルファベットの略称をつけることになっているんです。本来の機能を元にした、無味乾燥な名前です。そういう慣習の中で育ったものですから……」*

ハエの遺伝子命名文化にはなじみが薄く、生真面目な性格でもあったアナスン。当時は、内心こう感じていたという。

（ハエらしい名前？　……ばからしい〔Ridiculous〕）

だが、ブレネッケに言われてしぶしぶ調べていくと、「ばからしい」と思っていたハエの遺伝子命名文化にも、興味深い歴史があることがわかってきた。

今からわずか一〇〇年ほど前には、遺伝情報がＤＮＡに記録されていることがまだ知られていないどころか、遺伝子という生命の設計図が存在することすら疑わしく思われていた。

そんな二〇世紀初頭に、米国の生物学者、トーマス・ハント・モーガン**と、彼の下で研究をしていた大学生、アルフレッド・ヘンリー・スターテヴァント***が作り上げたのが「**遺伝子地図**（遺伝連鎖地図）」だ。彼らはキイロショウジョウバエの突然変異体を集めて交配し、目の色、翅の形、体色などのさまざまな特徴（表現型）を決める遺伝子が、染色体（DNA、ヒストンなどからできたひも状の構造体）上の特定の位置に存在することを突き止めた。それぞれの遺伝子が、DNA上にそれぞれの住所（遺伝子座と呼ばれる）を持っているのである。スターテヴァントの着想から生まれたという遺伝子地図には、ハエの目が白くなる変異の原因遺伝子「ホワイト（*white*）」をはじめとして、変異体の特徴をとらえた遺伝子名が並んでいた。遺伝子のはたらきが分子レベルで検証される以前の時代、変異体の示す多様な姿かたちは、各遺伝子の個性を表す何よりの目印だったのだ。

*コラム④「ハエとヒト、生物種による遺伝子命名文化の違い」参照。

**一八六六年生まれ。キイロショウジョウバエを遺伝学のモデル生物として使い、その有用性を世に知らしめた。一九三三年にノーベル生理学・医学賞を受賞。賞金の一部を、学生時代から研究に貢献してきたスターテヴァントとカルヴィン・ブラックマン・ブリッジズに分配した。

***一八九一年生まれ。コロンビア大学在学中、モーガンの授業を受けたことをきっかけに、彼の研究室に加わる。大学院進学後、一九一三年に遺伝子地図の論文を発表し、翌年に博士号を取得。生涯にわたり、遺伝学研究に幅広く影響を与えた。

知れば知るほどのめり込むアナスンは、調べ物を進める中で自分の考えが変わりつつあることに気づいた。

「これなら、好きになれるかもしれない」

新たな思いを抱いた彼は、これまでなじみのなかった「ハエらしい」遺伝子名の考案に挑戦した。ブレネッケから助言されたのは、ハエの遺伝子命名の慣習に従い、変異体の特徴をとらえた名前、もしくは、遺伝子の機能を何かにたとえた名前にすること。アナスンはそれに加えて、人を傷つけない名前にすること、大げさな表現にしすぎないことも心がけた。名前を考えるたび、研究室内のミーティングに持ち込んでみるが、なかなかこれという案はない。何ヶ月も検討を重ねたのち、ついに皆の心をつかんだのが「ムーンシャイナー」という名前だった。禁酒法時代の月明かりの下、規制の目をかいくぐりながら森の中で酒造りを続けた人々の姿が、封鎖令の中で密かに「特効薬」づくりを続ける因子のはたらきと重なったのである。

とはいえ、世界各地の研究者が目にする遺伝子名として、この名前は少々わかりにくいのではないかという懸念もあった。「ムーンシャイナー」という言葉は本や映画、テレビ番組の題材にもなっているものの、使われている地域は主にアメリカのみだ。ヨーロッパで研究をしていたブレネッケ研究室の面々も、全員がこの言葉を知っていたわけではない。そのため、論文には名前の由来を示す簡単な説明を添えることで意見が一致した。論文は二〇一七年四月に『ネイチャー』誌に投稿され、査読を経て同年の七月に採択された。アナスンが研究室に加わってからおよそ三年半後、「サンシャイン・データ」から始まった研究が、「ムーンシャイナー」の名の下に光を浴びた瞬間だった。

月夜の密談

アナスンらの論文では、ムーンシャイナー遺伝子の作るタンパク質が、仲間と連携しながらpiRNAづくりをおこなっている様子が明らかになった。一連の転写因子を率いたムーンシャイナータンパク質は、ライノ（Rhino：動物の「サイ」）[*]、デッドロック（Deadlock：本締まり錠）というタンパク質の手引きでロープの隙間をすり抜け、封鎖区域内のpiRNA工場を稼働させる。この間、タンパク質どうしは盛んにやりとりをしているが、その相互作用

＊このタンパク質の設計図となる遺伝子が壊れると、ハエの卵から伸びる二本の突起が、サイのツノのように一本になってしまうことから。ムーンシャイナー遺伝子の研究が始まる前の二〇〇一年に、米・ワシントン大学のセレステ・A・バーグ率いる研究グループによって発見・命名されていた。メスの卵巣ではたらき、DNAとヒストンの結びつきに関わることが示されていたが、ムーンシャイナーとの関係が明らかになったことにより改めて脚光を浴びている。

の実体が今までの研究者にはつかめず、分子どうしの「会話」が聞き取れていなかった。先端技術で分子が連携する姿をとらえたことにより、その内容が明らかになったのである。この二年後の二〇一九年には、ｐｉＲＮＡの加工・輸送に関わるタンパク質に、密造酒の運び屋を指す「ブートレッガー（Bootlegger）」という名前がつけられた（運び屋が幅広のブーツを履き、その中に酒の瓶を隠したことから）。ブレネッケ研究室から『セル』誌に発表された論文では、「特効薬」として作られたｐｉＲＮＡをこのタンパク質が「投与」の現場まで運ぶ様子の一端が説明されている。

アナスンによれば、ムーンシャイナーという遺伝子そのものは、実はハエに特有のもので、他の生物には存在しないのだという。しかし、「転写因子の仲間を招集し、ロックダウン中も『特効薬』づくりをおこなう」というムーンシャイナー式の戦略は、幅広い動物、さらには植物にも共有されていることがわかってきたそうだ。

モデル生物における研究を他の生物に応用する上では、これまで、遺伝子そのものの共通性が鍵になることが多かった。しかし、遺伝子や、その産物であるタンパク質のはたらきを巨視的にとらえられるようになった現在、分子そのものだけでなく、そのふるまいの類似性を通じても、知見を活かすことができるようになっている。

二〇一九年にデンマークへ戻り、母校であるオーフス大学に着任したアナスンは、緑あふれる海辺のキャンパスに自らの研究室を立ち上げた。ポスドク時代、「ムーンシャイナー」の研究をスムーズに進めることができたのは、リーダーであるブレネッケの研究方針、チームの協力関係、そして、良き研究分野との出会いに恵まれたおかげだと、アナスンは語る。先端技術の支えによって急速に発展し、ブレネッケのような研究者たちによって牽引されてきたスモールRNAの分野は、野心的、挑戦的な空気に包まれながらも、異なる背景を持つ研究者どうしが互いに敬意を持ちながら研究に取り組んでいるという。アナスン自身もまた、ポスドク時代に得た経験を元に、多様な個性を生かしたチームづくりを目指している。

月明かりの下、米国東部の森で脈々と伝えられてきた酒造りの文化のように、「ムーンシャイナー」遺伝子もハエたちの間だけで世代を超えて受け継がれ、ゲノムをひっそりと守ってきた。さまざまな生物が、独自の道具を使って同様の戦いを繰り広げている。そのさまを照らし出したのは、地道な取り組みと最新技術、そして、研究に携わる人々の助け合いだった。ゲノムという森の各所にある静かな闇。その奥では、私たちをトランスポゾンから守る遺伝子が人知れず力を合わせ、ささやき声で会話を交わしている。

コラム④――ハエとヒト、生物種による遺伝子命名文化の違い

前節では、キイロショウジョウバエとヒトの遺伝子命名文化の差に触れた。この差には、研究者たちのユーモア感覚の違いというよりも、**各生物種の遺伝子研究がたどってきた歴史や、研究における着眼点の違いが影響して**いるのかもしれない。

始まりは「順遺伝学」
――生物の特徴から原因遺伝子に迫る

生物の遺伝情報が染色体（DNAなどでできたひも状の構造体）上にあることが示されたのは、今から一〇〇年ほど前の一九一三年のことだ。キイロショウジョウバエを使った研究により、ハエのさまざまな特徴（形質）を決める遺伝子が、染色体上の異なる位置に散在することが明らかになった。

こうして、現代に連なる遺伝子研究は、**生物の形質に着目し、背景にある遺伝子とその機能を探る**研究スタイル（現在は「順遺伝学」と呼ばれる）から始まった。では、研究者たちはどのような形質に着目して研究を進めてきたのだろうか？

キイロショウジョウバエ
――まずは外見から

前節でも記したように、キイロショウジョウバエの遺伝子研究は、染色体の「遺伝子地図（遺伝連鎖地図）」づくりによって一気に本格化した。遺伝子の位置関係を知る目印として、**多くの変異体を効率よく見分ける必要が**

あった研究者たちは、変異体の**外見上の特徴**に着目した。目の色、翅の形などは、顕微鏡でハエを覗き込みさえすれば判別できる形質ばかりだ（もちろん、小さなハエを観察する上で、ある程度の訓練や慣れは必要だが）。

それぞれの変異体には外見上の特徴に基づく名前がつけられ、遺伝子にもその名前が転用された。地図上の目印としての役割から、**簡潔で印象的な名前**が多く用いられたのかもしれない。

例：

ホワイト（*white*：変異体の目の色が白い）

その後、遺伝子そのものの機能を探る研究が本格化してからも、**変異体や遺伝子の特徴をとらえて印象的な名前をつける**傾向は残った。

ヒト——疾患を中心に

生物学の「ツール」として遺伝子研究が始まったハエとは異なり、ヒトの遺伝子研究は**疾患の理解や治療・予防**への応用が当初から念頭にあった。家族性疾患などに着目した遺伝子研究が盛んにおこなわれてきたことから、**疾患やその症状、遺伝子の機能を説明する名前**が多い。

例：

BRCA1：「**B**reast **C**ancer〔乳がん〕**1**」の略。細胞のがん化を抑える遺伝子の一つ。この遺伝子の機能に異常が生じた場合、乳がんを発症する確率が高まることから。

GTF2A：「**G**eneral **T**ranscription **F**actor〔一般的な転写因子（基本転写因子）〕**2A**」の略。

VANGL-1：「***vang*** -**l**ike〔*vang*様《よう》（*vang* に似て

いる)」」の略。第2章で紹介した、キイロショウジョウバエの「ファン・ゴッホ（ヴァン・ゴウ)」」（略称：*vang*）遺伝子と塩基配列が似ていることから。

ちなみに、機能や塩基配列の似た遺伝子が複数見つかった場合、遺伝子名の最後に数字（1、2、3……）や記号（A、B、C……）を添えることがある。この方法はハエなど他の生物種の遺伝子にも使われる。

種を超えた遺伝子研究

遺伝情報の読み取り（コラム⑥「キイロショウジョウバエのゲノムプロジェクト」参照）や解析の技術向上に伴い、異なる生物種の間でも遺伝子が共有されていることがわかってきた。

例えば、キイロショウジョウバエのゲノムにある遺伝子の半数近くは、塩基配列の細部には違いがありながらも、ヒトの遺伝子と共通している。ハエなどのモデル生物を使ってヒトの疾患に関わる研究をおこなうことができるのも、遺伝子が共通しているためである（第2章「2　ムサシ」参照）。

種や研究分野の間の垣根が取り払われていくにつれ、「ムーンシャイナー」命名者のアナスンのように、異なる命名文化を行き来する研究者も増えている。ハエで見つかった遺伝子に実務的な名前がつくことも、ヒトの遺伝子に、他の生物種が持つ遺伝子にちなんだ名前がつくことも、この先ますます増えていくだろう。ユーモアのある名づけにも、実務的な名づけにも、それぞれに意義があり、研究者たちの思いが込められている。

第4章　シリーズ

1　オギ（雄木）、メギ（雌木）――出会いが生んだ世紀の発見

道端や公園に咲く色とりどりの花。その内側を覗き込むと、花粉を作るおしべと、それを受け取るめしべが見える。しかし、植物の中にはごく一部、オスの株とメスの株が分かれているものがある。こうした「雌雄異株《しゆういしゅ》」の種《しゅ》は植物全体のわずか数パーセントにすぎないものの、キウイフルーツ、アスパラガス、ビールの原料となるホップなど、私たちにとって身近な存在が多い。

雌雄異株の植物は、オスが作る花粉と、メスのめしべの出会いによって子孫を残す。私たち人間と同じ、有性生殖というしくみだ。人間のきょうだいがそれぞれ違った個性を示すように、雌雄異株植物も、両親が持つ遺伝子をさまざまな組み合わせで受け継ぐことによって多様な個性を獲得してきた。氷河期や隕石衝突など、過去に起こった甚大な気候変動を生き延びる上でも、この多様性が役に立ったといわれている。動物と違って自力で移動できない

植物にとっては、有性生殖によって生み出される多様性こそが環境変化への最大の対抗策だったのである。

その一方で、植物を農業に利用する人間にとって、雌雄異株という性質は古くから悩みのタネでもあった。オスとメスの株が揃わないと受粉しないため、数を増やしたり、品種改良のための掛け合わせをしたりするのに手間がかかる。また、メスの株にのみ実がなるキウイフルーツ、オスの株の収穫量が多いアスパラガスなど、性別によって作物としての利用価値が異なる植物もある。植物の性別を決めるしくみ（性決定機構）が明らかになれば、雌雄の株をバランスよく栽培したり、目的の性別の株を早い段階で選びだしたりすることもできるだろう。

こうした期待に後押しされ、二〇世紀初頭から、世界各地の農学者が植物の性決定機構を解き明かそうと果敢な挑戦を重ねてきた。最初の大きな手がかりとなる遺伝子が見つかったのは、人々がこの研究に取り組み始めてから実に一〇〇年近くが経ってからのことである。「オギ（雄木）」「メギ（雌木）」と名づけられたこれらの性決定遺伝子は、柿の一種であるマメガキから発見され、二〇一四年に『サイエンス』誌上で報告された。実は、論文の筆頭著者である赤木《あかぎ》剛士《たかし》はもともと、この謎に取り組むつもりで研究を始めたわけではなかった。

彼を世紀の大発見へと導いたのは、王道を避けて進んできた道のりと、そこで得られた数々の出会いだった。

一〇〇年の謎

赤木は家庭菜園を営む母のそばで、幼い頃から植物に親しんできた。中学生の頃には、将来、理科教師や園芸家など、何らかの形で植物に関わりたいと考えていた。二〇〇二年、京都大学農学部に入学した彼は、研究を通じてその夢を実現しようとした。

学内のオーケストラで吹くクラリネットを片手に、赤木は植物の研究室を吟味し始めた。日本の代表的な穀物である稲は、農学における花形の研究材料だったが、その人気ぶりがかえって彼を敬遠させた。稲を避けるとすれば、花か、野菜か、それとも果物か。好きな果物を挙げるなら、迷わずブドウだった。味も食感も個性豊かで、世界各地の文化に深く根ざしている。だが、あいにく京都大学ではブドウはほとんど栽培されていなかった。

落胆しかけた赤木の目に飛び込んできたのは、赤く照り輝く実をつけた、おびただしい種類の柿の木だった。一九二六年に創立された果樹園芸研究室には、世界的な柿のコレクションが揃っていたのだ。研究室を率いていた米森敬三《よねもりけいぞう》の下、赤木は柿の研究に取り組むことになった。偶然ではあるが、「柿《かき》」という名前は、「赤木《あかき》（＝赤い実のなる木）」という言葉が転じてできたものだとする説がある。このどこか奇妙な縁を持つ出会いを通じて、赤木はのちに、植物の性決定遺伝子の発見第一号という大きな成果を手にすることになる。

そもそも、植物の性決定遺伝子はなぜ一〇〇年も見つからないままだったのだろうか。

生物学の研究全般において王道となっているのは、成長が早く、遺伝子の操作や分析の実績がある**モデル生物**を使う方法だ。本書でよく登場するキイロショウジョウバエのように、扱いやすい生物を「モデル」として調べ、その結果を他の生物に当てはめていくのである。ところが植物の場合、主要なモデル生物（シロイヌナズナ、タバコなど）ではオスとメスの株が分かれていないため、性決定の研究に直接利用することは難しかった。

代わりに使われてきたのは、雌雄異株植物の中でも比較的小型で成長の早い、ヒロハノマンテマ*、スイバ**、ホップなどである。だが、研究を進める中で次第に明らかになってきたのは、これらの植物の性決定機構の多様さ、そして複雑さだった。その様子はまるで、遺伝子という楽器が複雑に織りなすオーケストラ曲のようだ。生物の世界では、それぞれの種《しゅ》がゲノムという専属の「楽団」を抱え、遺伝子を使って折々の場面に応じた音楽を奏でることで、生命活動を進めている。その中で、「オス」と「メス」という二つの曲は、序奏の部分はほとんど同じなのだが、あるところまで進むと、それぞれの曲に**特徴的なメロディー**が現れ、その後は別々の曲調へと変化していく。これら二曲によって構成される組曲「雌雄異株」は、数ある植物のオーケストラの中でもごく一部の楽団だけが演奏することができる秘伝のプログラムなのだ。

この不思議な二曲に魅了された人間たちは、その主旋律を奏でる楽器を知りたがった。だが、その秘密を記した楽譜は門外不出。そこで過去の研究者たちがとった手段は、植物のコンサート会場に一人のカメラマンを派遣し、二曲を演奏している時のステージを撮影させることだった。写真に写った楽器の違いから、あの特徴的なメロディーを紡ぐ楽器を探そうとしたのである。ところが、手元に届いた写真を見て、研究者たちは愕然とする。「オス」曲を演奏している時と、「メス」曲を演奏している時で、ステージ上に並んだ楽器の編成がまるで違っていたのだ。

「これは厄介なことになったぞ……」

＊ナデシコ科の多年草で、マツヨイセンノウとも呼ばれる。
＊＊タデ科の多年草で、「スカンポ」とも呼ばれる。一九二〇年代から性決定についての研究がおこなわれていた。

どの楽団も、演奏者は総勢で数百名以上。写真に写っている楽器を数えるだけでも一苦労だ。

困った研究者たちは、二曲を演奏し分けることのできる複数の楽団を探し、同様にカメラマンを派遣した。ヒロハノマンテマ楽団、スイバ楽団、ホップ楽団……。だが、事態は複雑さを増すばかりだった。どの楽団も、「オス」と「メス」を演奏する時の楽器編成は大きく異なっていた。おまけに、ピントが合っていなかったり、他の楽団員の陰に隠れていたりして、よく判別できない楽器まである。

「ダメだ。とてもじゃないが、探しきれない」

いくら写真を見比べても、あの特徴的なメロディーを紡ぐ楽器を特定することはできずじまい。こうして研究者の目をすり抜けてきた植物の性決定遺伝子は、長年の間、人間たちにとってのミステリーであり続けてきたのである。

王道から外れ、近道を切り開く

学生時代の赤木がおこなっていた研究には、こうした問題を解決するヒントが隠れていた。彼が取り組んでいたのは、性決定とは一見無関係な、柿の渋味を左右する遺伝子*を探すというプロジェクトだ。大学院での生活も半ばにさしかかった二〇一〇年、柿のゲノムからその手がかりを見つけようとしていた赤木は、ふと妙なことに気がついた。

雌雄異株植物の多くは、ヒトと同様、X染色体、Y染色体という二つの**性染色体**の組み合わせによって性別が左右される。過去におこなわれてきた性決定機構の研究では、これら二つの染色体の間の違いを探すことで、雌雄の特徴を生み出す遺伝子を見つけようとしていた。しかし、研究に使われていた種では、両者の塩基配列（先ほどの音楽の例でいえば、楽器の編成）にあまりに差がありすぎたため、性決定遺伝子の候補を絞ることができなかったのである。

実は、カキ属（柿やその仲間）の植物も多くが雌雄異株であり、やはりXとYという二つの性染色体を持っている。柿の渋味遺伝子を探す上で赤木がこれらの染色体にも目を向けてみたところ、両者の塩基配列の違いがやけに少なかった。つまり、柿楽団は**楽器を大幅に入れ替えることなく、「オス」と「メス」の二曲を演奏し分けている**ということになる。そのわずかな違いを生む遺伝子を特定できれば、性決定のしくみに迫ることができるのではない

＊米森らによってその存在が予想されており、遺伝子の発見前からすでに「アストリンジェンシー（ASTRINGENCY：渋味）」という名前がつけられていた。

か……。柿の渋味を研究していた赤木の頭に、新しい研究のアイディアが芽生え始めた。

博士課程の最終年度に近づいていた赤木は、次のステップを見据えていた。学位取得後の研究テーマに選んだのは、柿の性決定遺伝子の探索である。

赤木は当時「次世代シーケンサー」と呼ばれていた新しいタイプの遺伝子分析機を使い始めており、その手応えを感じていた。従来の遺伝子解析法（サンガー法*）ではDNA分子の断片を一つずつ分析していたのに対し、次世代シーケンサーは数百万から数億もの断片を同時並行して解読できる。先ほどのオーケストラの例でいえば、大勢のカメラマンがステージにカメラを向け、クローズアップ写真をあらゆる角度から数百万枚、高速で連写するようなものだ。のちにコンピューター処理によって写真の重複部分をつなぎ、大きな合成写真を作れば、ステージ全体をすみずみまで一望できる。

この技術を活用すれば、マイナーな研究材料でも、遺伝子全体を俯瞰的に調べられる。それはすなわち、モデル植物という王道を経ずに、研究の対象を直接分析することができる近道だった。二〇〇〇年代に市販が始まった次世代シーケンサーは当時、医学や分子生物学の分野を中心に広まりつつあったが、日本の農学分野ではまだあまり導入が進んでいなかった。

このツールを使いこなす技術を、外国から学んで持ち帰りたい。そう考えた赤木は、ゲノム研究の最先端をいく米国西海岸に目を向けた。複数の主要なゲノム研究センターを訪問し、柿の性決定遺伝子を探す共同研究を打診したが、彼らから「イエス」という答えは出てこない。一部の研究に予算が集中的に投入され、短期間での成果を求められがちな米国の研究事情を反映してか、難しいものやマイナーに聞こえるものは、皆敬遠してやりたがらないようだった。「モデル植物を使う研究なら……」とも言われたが、それでは意味がない。

そんな中、カリフォルニア大学デーヴィス校（UCデーヴィス）の研究者たちだけは、赤木の提案に快く応じてくれた。農学に関わる幅広い研究で世界をリードする彼らは、作物のゲノム研究にも積極的な姿勢を見せ、「柿でもなんでも、一緒にやろう」と乗ってくれた。イタリア出身で、二〇〇六年から同校の植物ゲノムセンターで教授を務めていたルカ・コマイもその一人だ。イタリアと米国で植物病理学を修めたのち、民間企業での研究職も経験してきたコマイは、産学の両方で植物の遺伝子解析の豊富な経験を持っていた。

＊一九七〇年代にフレデリック・サンガーが開発した。サンガーはのちにノーベル化学賞を受賞している。

桃栗三年、柿八年

二〇一二年四月、赤木は太陽の光の降りそそぐ北カリフォルニアに降り立った。米森から研究室のトップを引き継いだ田尾《たお》龍太郎《りゅうたろう》の下で京都大学の助教となった赤木は、文部科学省の外郭団体である日本学術振興会からの支援*を受け、日本からUCデーヴィスに二年間派遣されることになったのである。

サンフランシスコの海岸から一二〇キロメートルほど内陸にある、木々の生い茂る緑豊かなキャンパスで、赤木はコマイ、研究員のイザベル・ヘンリーとともに、次世代シーケンサーを使った柿の性決定遺伝子探しへと乗り出した。遺伝情報の分析に長けたコマイとヘンリーが戦略を立て、赤木は二人の指導を受けながら、コンピューター上でプログラムを書き上げて解析をおこなう。材料に選んだのは、カキ属の中でも、雌雄の株の性質がはっきりと分かれる「マメガキ**」だった。

彼らはまず、「オスらしさ」、「メスらしさ」が表れるタイミングに着目して解析をおこなった。

マメガキの雌雄の花の違いは、開花前のつぼみの時期に出始める。オスの花では、おしべが発達してめしべが縮み、メスの花ではその反対のことが起きるのだ。そこで赤木らは、マメガキのオスの木、メスの木からそれぞれつぼみを集め、そこで活発にはたらいている遺伝子を比較した。オーケストラが特徴的なメロディーを奏で始めたまさにその時に写真を撮影し、使われている楽器の目星をつけておこう、という考えである。この解析により、数万個あるマメガキの遺伝子の中から、性決定に関係がありそうなものの候補を六二個見つけることができた。

続いて、マメガキの遺伝情報を解析し、XとY、二つの性染色体の間の違いを拾い上げる。先ほどのオーケストラのたとえでいえば、大量の写真を撮ってコンピューターで合成し、片方の曲のステージにしか登場しない楽器を割り出す作業である。X染色体はオス（XY）、メス（XX）の双方が持っているが、Y染色体はオスにしかない。ここから予想されたのは、**雌雄双方が持つ「メス化遺伝子」のはたらきを、Y染色体上にある「オス化遺伝子」が抑える**という図式だった。そこで、赤木たちはまずY染色体に着目し、そこに存在するであろうオス化遺伝子を探すことにした。解析から浮かび上がってきた候補遺伝子の数は、二二個。

＊海外特別研究員制度。博士号取得から五年以内の研究者が海外の研究機関で研究をおこなう上で、二年間の滞在費支援を受けることができる。

＊＊豆柿。別名「小柿」。直径二センチメートルほどの小さな実をつける。柿渋をとるのに使われるほか、冬になるまで枝先で熟させた実は「ぶどう柿」と呼ばれて食用にされる。

手間はかかるが、頑張ってこれらの遺伝子のはたらきを一つ一つ検証していこう……。赤木はそう考えていた。

ところで、コマイの研究室が入っている建物には生物の進化を研究している人々が多くおり、赤木もよく議論や相談をする機会があった。何気なく、研究の進捗状況について彼らに話したところ、「すべての候補遺伝子をしらみつぶしに試さなくても、**進化の観点から数を絞れる**のではないか」という見解が返ってきた。

進化学者たちの考えはこうだ。カキ属の植物は、ほとんどが雌雄異株の性質を持っている。それらの植物はいわば親戚どうしであり、性決定に使われる遺伝子も共通しているだろう。オス化遺伝子の候補の中から、カキ属全体のY染色体に共通して存在し、かつ、X染色体には存在しないものを探せば、それが有力な候補になるのではないだろうか。

進化学者たちの助言に基づいてリストを洗い直した赤木たちは、驚きの声を上げた。二二個あった候補がたった一つに絞られたのである。Y染色体とX染色体は、太古の時代には同じ形をしていたものが進化の過程でそれぞれ独自の変化を遂げ、二つの異なる性染色体になったと考えられている。いわば、同じ楽譜に異なるアレンジが加わったことにより、「オス」と「メス」という二つの曲が生まれたのだ。カキ属の場合、化石や染色体の研究を元に、そのタイミングは実に数千万年も前のことだと推測されていた。候補から除外された二一個の遺伝子はこの時期よりも後に登場したもので、カキ属の一部にしか存在していなかった。

こうして彼らは、柿のオス化遺伝子の最有力候補まで一気にたどり着いた。塩基配列を調べてみると、どうやらこの候補遺伝子からは、他の遺伝子のコピーに貼りついてそのはたらきを抑制する、スモールRNA*と呼ばれる分子が作られるようだった。このことは「オス化遺伝子は、別の染色体上にあるメス化遺伝子のはたらきを抑える」という予測と一致していた。

スモールRNAを作る遺伝子は、**自分とよく似た塩基配列を持つ遺伝子**に対して効果を発揮することが多い**。実は、赤木たちがかつて花のつぼみを使っておこなった解析からは、**いま注目しているオス化候補遺伝子とそっくりの遺伝子が、メスのつぼみで活発にはたらいている**という結果が出ていた。これはもしかすると、オス化遺伝子によって抑制を受けるメス

*第1章「2　カクセイ」で解説している「ノンコーディングRNA」の一種。第3章「2　ムーンシャイナー」も参照。
**第3章「2　ムーンシャイナー」参照。

化遺伝子ではないだろうか……。

赤木たちはさっそく、遺伝子操作によってこの遺伝子のはたらきを検証することにした。メスのつぼみではたらく遺伝子を、細菌*を使って植物に送り込み、その植物からとれたタネをまいて、花の性別に影響が出るかどうかを確かめるのだ。だがここで、研究材料であるマメガキの性質がネックとなった。「桃栗三年、柿八年」と言われるように、柿の仲間は成長して花や実をつけるようになるまでに長い年月がかかる。マメガキの場合、その期間は五年以上だ。

この時間を短縮するため、赤木たちはここで初めてモデル植物の力を借りた。モデル植物の代表格であるシロイヌナズナやタバコは、遺伝子操作が容易であるのに加え、花がつくまでの期間が数週間から数ヶ月と短い。これらの植物は雌雄異株ではないものの、花の形が作られるしくみ自体はおおむね共通している。そのため、マメガキの性決定遺伝子をこれらの植物に入れても、おしべやめしべの発達に対する作用が見られるかもしれない。

赤木らは、マメガキの遺伝子をシロイヌナズナとタバコにそれぞれ送り込み、タネをまいて開花を待った。数週間後、鉢植えには満開の花が咲き乱れる。花の中をおそるおそる覗き込んでみると、そこでは大きなめしべが誇らしげに伸び、おしべは小さく縮んでいるではないか。彼らの期待通り、本来、花の雌雄が分かれていないはずのモデル植物が、マメガキの遺伝子を入れたことによってメス化したのだ。一方、オス化の候補遺伝子も併せて導入すると、今度はメス化遺伝子のはたらきが抑えられた。これらの遺伝子こそ、柿楽団が組曲「雌雄異株」の主役として使っていたものだったのである。

Y染色体を持つ株ではオス化遺伝子がはたらき、おしべを成長させるかたわら、自分とよく似た塩基配列を持つメス化遺伝子を抑え込む。一方、Y染色体を持たないメスの株では、ブレーキ役となるオス化遺伝子不在の下、メス化遺伝子が活発にはたらいてめしべを成長させ、おしべの成長を抑制する。これが、ひと組の双子のような遺伝子たちによる柿の性決定のしくみである。あとは、この成果を論文として発表するばかりだった。

命名対決

論文の執筆を進めていたある日、赤木はコマイに「大事な話がある」と呼び出された。二

＊アグロバクテリウムと呼ばれる種類の細菌が使われた。この細菌は本来、土壌に生息し、自分の遺伝子を植物に送り込んで病気を引き起こす。この実験では、病気の元になる遺伝子ではなく、マメガキの遺伝子を送り込むよう、細菌に手を加えている。

人きりになると、コマイはこう口を開いた。

「タカシ、前から言おうと思っていたんだがな……」

いつも穏やかで優しいコマイが、真剣な表情で自分を見つめている。赤木は途端に心配になった。

「……何でしょうか」

「お前には、命名のセンスがなさすぎる」

「えっ？」

赤木は当時、見つかったメス化遺伝子に「*DLHB1*」という名前を、オス化遺伝子には、メス化遺伝子との関係性を示した「*primiDLHB1*」という名前をつけようとしていた。*

「DL」はマメガキの学名「*Diospyros lotus*」の略、「HB」は、この遺伝子の中に見つかった特徴的な塩基配列「ホメオボックス」の略である。遺伝子の特徴を実直に示す名前ではあっ**たが、コマイとしては物足りなかったようだ。共同研究者であるヘンリーを巻き込むように、コマイはこう宣言した。

「一週間やるから、名前を考えてきなさい。私とイザベル（・ヘンリー）もそれぞれ考えてくる。三人でプレゼンテーションをして、誰の考えた名前がいいか、みんなに投票してもらおう」

こうして、赤木、コマイ、ヘンリーの三人による命名対決がおこなわれることになった。普段は研究熱心な赤木だったが、この一週間だけはまったく研究に手をつけず、名前のことだけを考えて過ごしたという。家族や周囲の人々に相談するうちに、メス化遺伝子を「かかあ天下」とするなどユニークな案もいくつか浮かんだ。インパクトがあり、意味を反映し、かつ、呼びやすい名前……。悩む中で赤木がふと思いついたのが、メス化遺伝子を「*MeGI*（メギ）」と名づける案だった。この名前は、日本語の「雌木」を表しているだけでなく、「**Male Growth Inhibitor**（オスの成長を抑制するもの）」という英語の略にもなっている。この名前と対になるのは、当然「雄木」だ。しばらく考えを巡らせた赤木は、やがて「**Oppressor of *MeGI***（*MeGI* を抑圧するもの）」という言葉を思いついた。これなら「*OGI*（オギ）」と略すことができる。

＊「*primary micro DLHB1*」の略。「*primary micro*」は、スモールＲＮＡの元になる塩基配列を持つことを示している。

＊＊ホメオボックスを持つ遺伝子には、生き物の体の形づくりに関わるものが多い。

そうして迎えた対決当日。近隣の三つの研究室から人々が集まり、赤木、コマイ、ヘンリーのプレゼンテーションに耳を傾けた。赤木が「オギ」、「メギ」の名前を披露し、その意味や略語の工夫などを伝えた途端、聴衆からは感心の声が上がった。なんと見事な命名だろう……。コマイとヘンリーもそれぞれの案を発表したが、すでに勝負は決していた。三人が発表を終えた後の投票では、ほぼ満場一致で赤木の案が採用されたのである。* 命名対決を提案した当のコマイも、赤木が考え出した二つの名前を気に入ってくれた。

植物の性決定遺伝子発見第一号、というインパクトから、彼らは生物学分野のトップ誌である『セル』、『ネイチャー』、『サイエンス』の三誌（頭文字をとって「CNS」と呼ばれる）に論文の投稿を打診した。** 「大歓迎する」とのメールを最初にくれた『サイエンス』誌に原稿を送り、査読を仰いだのが二〇一四年六月のことだ。赤木とUCデーヴィスの研究者たちが手を組んでからわずか二年後のことである。査読者たちからの指摘を受けて九月に送った修正稿は、一〇月にスピード掲載され、大きな反響を呼んだ。論文掲載と前後しておこなった学会発表では、世界各国の研究者たちがその早業に驚嘆の声を上げ、赤木を質問攻めにした。このままいけば、他の植物の遺伝子もすぐに見つかるだろう……農学者たちの中には楽観の声も出始めていた。

シャイ・ガール

二〇一七年、総勢四〇人以上の研究者たちによる国際チームがアスパラガスの性決定遺伝子***を見つけ出し、『ネイチャー・コミュニケーションズ』****誌で報告した。戦略的に候補を絞り込んでいった赤木らの手法とは異なり、この研究では力ずくでY染色体の塩基配列を調べ尽くす人海戦術がとられていた。時間はかかったが、柿を使った赤木らの成果と併せて、二つの植物の性決定遺伝子が姿を現したことになる。

ところが、これらの遺伝子の比較から浮かび上がってきたのは、植物の性決定機構の多様さ、そして複雑さだった。柿とアスパラガスから見つかった二組の性決定遺伝子は、役割こ

---

*ちなみに、イタリア出身のコマイは、ルネサンス期のイタリアで父と兄により政略結婚の道具にされた女性の名前「ルクレツィア」と、その名声を利用した夫の名前を提案したという。

**学術誌に論文を投稿する際、前もって編集者（エディター）に投稿を打診し、論文が雑誌のレベルや方向性から外れていないかの判断を仰ぐことがある。

***オス化遺伝子には「*SOFF*（*SUPPRESSOR OF FEMALE FUNCTION*：メス機能抑制因子）」という名前がつけられた。メス化遺伝子は、別の植物の研究から見つかった遺伝子「*TDF1*」と似ていたことから「*aspTDF1*（アスパラガスの*TDF1*）」という名前がつけられた。

****『ネイチャー』の姉妹誌。オープンアクセス形式（第1章「1　マージャン」参照）をとっている。

そよく似ているものの、その中身が大きく違っていたのである。どうやら、植物の各楽団はそれぞれ別個に「オス」、「メス」の二曲の演奏法を編み出し、その主役に独自の楽器を充ててきたようなのだ。農学者たちは、今後も関心のある雌雄異株植物を一つずつ調べない限り、それぞれの種の性決定遺伝子を見つけられないことになる。また、植物の歴史の中で雌雄異株という性質が生まれてきた進化の経緯も、謎に包まれたままだった。

この時すでに日本に帰国していた赤木は、この騒ぎを少し離れたところから眺めていた。京都大学に戻り、性決定遺伝子の研究については慣れ親しんだ柿を中心に進めていくつもりだったのだ。そこに、「キウイフルーツの性決定遺伝子にも取り組んでみないか？」と声をかけてきたのが、香川大学でキウイフルーツの研究をおこなっていた片岡郁雄《かたおかいくお》だった。

話を聞いた当初、赤木は及び腰になっていた。生食用、加工用として世界的に人気の高いキウイフルーツは、その研究で各国がしのぎを削る超激戦区だ。中でも、原種であるサルナシの原産地・中国と、それを品種改良してキウイフルーツを開発したニュージーランドの間では、両国の威信をかけた性決定遺伝子の探索競争が四〇年間も続いていた。そこに今から踏み込んでも勝算はないかもしれない。

それでも、赤木は話を振られるとノーとは言えない性格だった。一か八かやってみよう……。そう考えた彼は、柿の研究の合間にキウイフルーツの遺伝子解析を始めた。オギ、メギ発見の立役者の一人であるヘンリーの力を再び借り、マメガキに使ったのと同じ手法を試してみると、なんと、あっさりオス化遺伝子がとれてしまった。この時点ではメス化遺伝子の方はまだ見つからなかったが、取り急ぎ報告をしようということになり、あれよあれよという間に論文がまとまっていった。

赤木がここで苦心したのは、またしても命名だった。前の研究でつけた「オギ」、「メギ」の名前は国内外で評判が高く、周りの研究者たちから「次も期待しているよ」と声をかけられることも多かった。周囲からのプレッシャーを感じてか、あれこれ考えても、前回のような名案は浮かばない。悩んだ末に思い出したのは、研究現場でこぼれたある言葉だった。

それは、モデル植物であるタバコにキウイフルーツの候補遺伝子を導入し、研究室の学生とともに、温室に初めてその結果を確認しに行った日のことだ。タバコの花を観察すると、めしべが見当たらない。導入したオス化遺伝子によって、花のメス化を抑えることに成功したのだ。花をよく覗き込んでみると、小さく退縮しためしべが奥底に隠れているのが見えた。その様子を見て、彼は思わずこんな言葉をつぶやいたのである。

「この子、シャイだね」

この一言をヒントにつけた遺伝子名、「シャイ・ガール*（恥ずかしがり屋の女の子）」は好評だった。「共著者のイザベル（・ヘンリー）さんにも、とても響いたみたいです」と、赤木は命名当時を振り返る。京都大学からは赤木、田尾、大学院生（当時）の大谷遥《おおたにはるか》と森本拓也《もりもとたくや》が論文に名を連ね、香川大学からは片岡と別府賢治《べっぷけんじ》、UCデーヴィスからはヘンリーが加わった。実はコマイも研究を手伝ってくれたのだが、「著者と言えるほどのことはしていない」と、論文に名を連ねることは固辞したそうだ。論文は二〇一八年四月号の『ザ・プラント・セル』誌に掲載され、大きな評判を呼んだ。

ちなみに赤木の見立てによると、オギとメギのように、シャイ・ガールにも対となって性決定をおこなうパートナー遺伝子がありそうだった。学会でこの報告を聞いたニュージーランドの研究者たちは、すぐさま赤木に共同研究を打診してきた。彼らが厚意で提供してくれたのは、研究用に密かに開発されていた、新品種の小さなキウイフルーツだ。この品種は瓶の中で栽培することができ、普通のキウイフルーツなら花が咲くまで数年かかるところを、なんとわずか三ヶ月で開花する。これなら実験結果がすぐ見られる上、キウイフルーツそのものを使って遺伝子の効果を検証できる。強力な助っ人を得た赤木らは、シャイ・ガールの相方となる遺伝子の姿を突き止め、「フレンドリー・ボーイ**（人懐こい男の子）」と名づけて、二〇一九年八月に『ネイチャー・プランツ』誌上に発表した。***長年、人目を逃れてきた「シャイ」な遺伝子たちが、これからの研究の立役者になるかもしれない。

開花

コマイ、ヘンリー、赤木の三人は、自分たちがコンピューター上でゲノム解析をおこなうために作ったプログラムを、他の研究者たちにも配ることにした。柿に続き、キウイフルーツの性決定遺伝子の発見にも成功したことで、同じ手法が他の雌雄異株植物に応用できる可能性が見えてきたからだ。さっそくそれを使い始めた世界中の研究者が、さまざまな植物の性決定遺伝子の手がかりを次々に見つけ出している。将来、その発見を元に、雌雄の株を人工的に作り分けたり、一つの株に雌雄両方の花をつけさせたりと、農業の進め方を大きく変

＊略称は「*OGI*」、「*MeGI*」にならって「*SyGI*」となっている。
＊＊略称は「*FrBy*」。
＊＊＊赤木が本書のためのインタビューに応じてくれた二〇一八年末には、この遺伝子が見つかり、小型キウイフルーツを使った検証実験の結果がまさに出てきたところだった。ニュージーランドの共同研究者たちから、遺伝子操作によって雌雄両方の特徴を併せ持つようになった（雌雄異株の特徴が打ち消された）花の写真が送られてきたという。

える技術が開発されていくかもしれない。汎用性の高い手法を開発したことで、赤木は各地の研究者に感謝されている。

「プログラムコードを書いたのは僕ですが、もともとのアイディアを考えたのは、ルカ（・コマイ）先生とイザベル（・ヘンリー）さんなんです。僕が偉いわけじゃないので、皆さんに褒めていただくのは、こそばゆくて……」

そう照れながらも、「たくさんの論文が自分たちの研究に続いてくれた」と喜ぶ赤木。新たな材料、手法、そして人々との出会いを重ねることで、彼は研究の花を咲かせてきた。二〇一九年には岡山大学大学院の准教授に着任し（その後、二〇二一年八月に研究教授に就任）、コンピューターによる深層学習（ディープラーニング）などの手法を取り入れながら、農産物の質を評価、制御し、その価値を高める研究を発展させている。

また、オギ、メギ、シャイ・ガール、フレンドリー・ボーイの各遺伝子がたどってきた歴史は、進化の過程で雌雄異株植物が生まれてきたしくみを解明する上でも役に立ちそうだ。

マメガキ、アスパラガス、キウイフルーツから見つかった性決定遺伝子はいずれも、もともと一つだった遺伝子が何らかのエラーによって二つに「分身」すること（遺伝子重複）によって生まれたと考えられる。植物のオーケストラは、同じ種類の楽器を担当する楽団員を増やすことで、演奏できる曲目の幅を広げてきたのだ。これからも、遺伝子の織りなすハーモニーは植物の進化を彩り、私たち人間を魅了し続けていくことだろう。

コラム⑤——アイガー山をめぐる命名物語

　岡山大学で修士号を取得後、製薬会社で研究員を務めていた井垣達吏《いがきたつし》（現：京都大学）は登山が好きだった。妻も山好きで、一九九八年に夫婦でスイスの山々を見に行った。二人のお目当ては、スイスアルプスの中心地にある連峰、ベルナー・オーバーラント三山。とりわけ、切り立った山壁が堂々とそびえるアイガー山（Eiger：ラテン語の「鋭い〔acer〕」、もしくはゲルマン語の「槍〔Ger〕」が由来とされる）は見事だった。ところどころに雪を残す岩肌、数々の登攀者をはねつけ、「死の壁」とも呼ばれてきた絶壁。厳しくも美しいアイガー山の姿に心打たれた井垣は、いつかその名前を自分の見つけた遺伝子につけたいと考えた。

　井垣はその後、大阪大学大学院の博士課程に入学し、細胞の「死」に関わる研究に取り組んだ。生物の体が形作られていく過程では、細胞が増えることだけでなく、余分な細胞が削ぎ落とされる「プログラム細胞死」も重要な役割を果たす。ハエを使った五〇〇〇系統もの変異体スクリーニングの果てに、ある未知の遺伝子にたどり着いた井垣。「細胞死に関わる重要な因子に違いない」という直感に従い、この遺伝子にアイガーの名前をつけようとした。

　当時の指導教員である三浦正幸《みうらまさゆき》（現：東京大学）は井垣の思いを尊重し、アイガー遺伝子の命名に賛成してくれた。ただし、なぜその名前をつけるのか、理由を論文中に明記する必要があるという。そこで井垣は、「EDA-like cell death trigger（EDA様《よう》細胞死誘発因子）」の略称が「**Eiger**」である、との説明をひねり出した（「EDA」は、アイガーと似た構造を持つヒトの遺伝子の名前）。山の名前であることは、あえて伏せておいた。わかる人にわかればいい、その方が粋ではないか、と考えたのだ。

この頃、三浦研究室ではアイガーとともにはたらくパートナー因子についても研究が進められていた。井垣の後輩である菅田《かんだ》浩司《ひろし》（現：京都大学）が中心となってアイガーの相方が見つかると、こちらの遺伝子はヴェンゲン（*wengen*）と名づけられた。アイガー山の麓にある、美しい村にちなんだ名前である。こちらの論文を併せて読めば、「アイガー」が山の名前に由来することも間接的に伝わる。「アイガー」の論文は二〇〇二年六月一七日、「ヴェンゲン」の論文は同月二五日に、それぞれ別の学術誌に発表された。「アイガー」論文の投稿直後には、たまたま同じ遺伝子を追っていた別の研究者から三浦に連絡が来たという。相手は当時、偶然にもアイガー山のあるスイスで研究をしており、この命名を不思議に思って推測をめぐらせていたようだ。きっと、続いて出された「ヴェンゲン」の論文を読んでからは両者の結びつきに気づいたことだろう。

さて、立て続けに論文を発表した井垣たちだが、話はこれで終わらなかった。アイガー遺伝子のはたらきを詳しく調べたところ、ヴェンゲンとの間の関係性だけでは説明できない部分が見つかったのだ。するとその後、アイガーとさらに強力に関わり合う遺伝子が、ピエール・レオポルド（当時の所属はニース・ソフィア・アンティポリス大学、現：キュリー研究所）率いるヨーロッパの研究グループによって発見された。遺伝子につけられた名前は、グリンデルヴァルト（*grindelwald*：英語読みでは「グリンデルウォールド」）。それは、アイガーの麓にあるもう一つの村の名だった。井垣の考えた「アイガー」の名に敬意を表し、それと響き合う名前をつけてくれたのだ。

井垣の話では、ヴェンゲン村よりも、グリンデルヴァルト村からの方がアイガー山をよく見られるそうだ。この点も、「ヴェンゲンよりもさらに強力にアイガーと関わる」という遺伝子の特徴に合っている。

自然の厳しさと美しさを題材にした、アイガー、ヴェンゲン、グリンデルヴァルトという遺伝子名。名前を通じてさまざまな研究者どうしがつながり、良い連鎖が生まれたと井垣は語っている。

2　パヴロフの犬シリーズ——手探りと俯瞰から開けた道

青年は野心に燃えていた。遠方から飛行機と列車を乗り継ぎ、この町にやってきた。研究の道に進むきっかけとなった、今は亡き憧れの博士について調べ物をするためだった。大都市郊外のこの町には、博士の名を冠した研究所があるのだ。

博士は日々のスケジュールを細かく定め、それに従って行動する人だった。仕事は一日一六時間。予定外の話に応じるのは移動の間のみ。しかも、その移動というのがとんでもない早足で、同行者や家族が置いていかれてしまうほどだという。八〇歳を過ぎ、郊外に建設されたこの研究所の所長を兼任するようになってからもそれは変わらなかった。広大な敷地を、博士は迷うことなくきびきびと歩く。博士の頭には研究所の、そしてその各棟でおこなわれている研究の全体像が叩き込まれていた。こちらの棟では実験を監督し、あちらの棟では動物たちの様子を見て回る。遅刻する者がいれば烈火のごとく怒り、良い仕事ぶりを見れば賞賛する。博士の足音を聞くと、人々の背筋が思わず伸びたという。

研究所には国内外の医師や研究者が大勢滞在し、短期の協力者として研究に参加した。また、実験助手や動物の飼育員、施設の清掃員など、長期にわたって研究所を支える人々もいた。彼らの熟練の技術、鋭い観察眼、小さな発見の積み重ねが、大きな研究を支えていた。博士は講演や論文の中でその功績を称えている。数々の協力者たち、そして数々の犬たち。そう、青年が知りたかったのは、この犬たちのことだった。

滞在期間は限られていた。右も左も分からないこの町で、青年は会う人ごとに協力を求めた。次の日も、また次の日も。行く先々に博士のいた跡がある。ノートの筆跡。早足の足跡。青年はその跡を追って町中を歩き回った。ジーンズ姿の青年に皆が目を向ける。だが、求める犬たちの情報にはなかなかたどり着かない。

青年はふらふらと駅へ向かい、近くの大都市に降り立った。いや、逃げ出したのだ。野心の炎は消えかけていた。吸い込まれるように、広場の前の巨大な建物に入る。そこは、宮殿を改装した美術館だった。豪華絢爛な建物の中に並ぶ美術品の数々は一日ではとても見て回れない。何がどこにあるのか、建物はどれだけ広いのか、まるで見当がつかなかった。

建物のあちこちには猫がいた。美術品をネズミから守るために飼われているのだという。博士は犬が好きだったが、猫は嫌いだったとか。「やかましく悪意のある動物」というのが博士の評価だ。だが、目の前の猫たちは見学客の邪魔にならないルートをどこからか見つけ出し、するりと音もなく移動していく。まるで頭の中に建物の地図が入っているようだ。思えば、研究所のある町でも、青年は地図も持たずにやみくもに博士の姿を追っていたのだった。ゴールにたどり着くためには、小さな手がかりをつなぎ合わせて全体像を把握する必要がある。地図、あるいはカタログ……。そこでふと、何かが青年の視界に入った。古い、立派な冊子。その革張りの表紙には、キリル文字で博士の名前が刻まれていた。

イワン・ペトローヴィチ・パヴロフ博士。ロシアの田舎の司祭の家に生まれ、神学校で科学に出会い、研究の道に進む決断をした生理学者。博士は活発な議論を、精緻な研究計画を、正確な実験技術を愛した。そして、文化を、音楽を、美術を愛した。食物の消化の研究でロシア初のノーベル生理学・医学賞受賞者となり、その後、記憶学習の分野へと研究を展開させた。彼が研究モデルとした犬たちは、「パヴロフの犬」の名で知られている。しかし、その一頭ずつに名前がついていたことは意外に知られていない。博士の没後五〇年近くが経った二〇世紀後半、この犬たちの名前を探し出し、遺伝子につけようとしていたある研究者が、今回の命名物語の主人公だ。

先人たちの足跡をたどって

「パヴロフの犬」遺伝子群の命名者であるティム（ティモシー）・タリーは、一九五四年、米国イリノイ州中部で生まれた。イリノイ大学アーバナ＝シャンペーン校に入学し、医学部進学課程*に入ったタリーだが、大学三年生になって転機が訪れる。行動と遺伝の関係についての講義を受講した時、自分のやりたいことはこれだ、という直感が走ったのだ。すぐに、医学部ではなく大学院に進み、基礎研究者になることを決めたという。

大学院に進んだタリーは、米国国立精神衛生研究所（NIMH）の出資する教育プログラムから奨学金を受けながら、学業と研究活動に取り組んだ。このプログラムの指揮役となっていたのが、彼の指導教員でもあった行動学者のジェリー・ハーシュ**だった。優生思想など、行動遺伝学の誤った使われ方を正したいと考えていたハーシュは、動物学者、進化学者、人類学者、犯罪心理学者など、学内のさまざまな研究者たちをプログラムに参加させ、学生たちの視野を広げようとした。社会の中でどのような研究ができるか、そして、社会に向けて自分の研究をどう伝えていくか。タリーにとってその道具の一つとなったのが、遺伝子の名前かもしれない。

学生時代のタリーの研究は、遺伝や外部環境が**古典的条件付け**と呼ばれる現象に与える影響を調べるものだった。「パヴロフ条件付け」とも呼ばれるこの現象は、二〇世紀初頭、パヴロフが犬を使っておこなった実験がきっかけとなって世に知られるようになったものだ。犬に対し、決まった音（パヴロフらはメトロノームを使った）を聞かせてから餌を与えるという訓練を続けると、音を聞かせるだけで反射的に唾液が出るようになる。メトロノームの音、実験助手の姿、運び込まれる餌……それまでまったく無関係だった個別の要素どうしが、訓練を重ねることで、やがて一つの総体を結ぶようになるのだ（このことを「連合学習」と呼ぶ）。大学院生だったタリーはアオバエを使って同じような実験をおこない（ハエの場合は唾液が出るのではなく、口がストローのように伸びる）、パヴロフ条件付けと遺伝の関係性を調べていた。

＊米国やカナダなどでは、大学の教育課程を修了して初めて医学部への入学資格が得られる。大学を卒業してから医学部に応募することが一般的だが、医学部進学課程を有する大学の場合、卒業前に所定の審査を受け、医学部への進学資格を事前に得ておくことができる。

＊＊第2章「1　ユーリイ・ガガーリン」も参照。

博士号を取得した一九八一年、タリーはプリンストン大学（ニュージャージー州）で研究室を運営するウィリアム・G・（通称「チップ」）クイン（現：マサチューセッツ工科大学との兼任）の下でポスドクとなり、キイロショウジョウバエを使った研究生活をスタートさせた。クインは記憶学習の研究にハエを利用できることを示した第一人者で、「ターニップ（*turnip*：カブ）」、「ルタバガ（*rutabaga*：スウェーデンカブ）」、「ズッキーニ（*zucchini*）」など、野菜にちなんだ遺伝子名の命名者でもあった。*ここで最先端の遺伝学研究に取り組んだタリーは、遺伝子命名の魅力にも引き込まれていった。「いつか、自分も遺伝子を発見して名前をつけたい」。タリーの心にはそんな考えが浮かんでいた。

ここまでの過程は他の研究者たちとよく似ている。だが、タリーが他の人々とは違ったのは、**遺伝子を見つける前からすでにその名前を考え始めていたことだった。**

パヴロフの犬、タリーのハエ

一九八四年、クインの研究室がマサチューセッツ工科大学（ＭＩＴ）に移転したのに伴い、ポスドクであるタリーも住まいを移すことになった。同じ米国東海岸とはいえ、車で四時間以上の大移動だ。記憶研究の大先輩、パヴロフは祖国ロシアで生涯を送ったが、**現代の生物学研究者のキャリアには国内外での引っ越しがつきものである。

タリーが独立の時を迎えたのは、クインの下でポスドクを始めてから六年後の一九八七年だった。同じマサチューセッツ州にある私立大学、ブランダイス大学に採用され、自分の研究グループを立ち上げたのだ。創立四〇年弱だったフレッシュなブランダイス大学は、タリーがポスドク時代を過ごしたMITやプリンストン大学（当時、前者は一二〇年超、後者は二四〇年以上の歴史を重ねていた）とはずいぶん雰囲気が違ったことだろう。

小さいながらも一国一城の主となったタリーは、これまでの経験を生かし、ハエを使って記憶に関わる遺伝子群を探すことにした。ただし、個々の遺伝子のはたらきを知ることが主目的ではない。タリーはむしろ、**遺伝子どうしのネットワーク**を通じて、記憶という現象の全体像を把握したいと考えた。クインらがおこなっていた研究から、記憶には神経細胞の中

＊これらの遺伝子も、実は記憶に関係する。クインの古巣であったベンザー研究室（第4章「3　炎シリーズ」参照）では、ダンカン・バイヤーズらによって発見された記憶の変異体に「ダンス（*dunce*：出来の悪い生徒、愚か者）」と命名していた。クインは当初、それにちなんで「ダフィー（*daffy*：愚かな）」、「ダンボ（*dumbo*：間抜け、馬鹿）」といった名前を遺伝子群につけようとしたが、研究資金申請書の審査員から「記憶障害のある動物を軽蔑するような名前はいかがなものか」と反対を受け、差別とはまったく無縁である野菜の名前をつけたという。

＊＊ただし、ボリシェヴィキ政権に抵抗し、国外亡命を検討したことはある。

のタンパク質群が重要な役割を果たすことがわかってきていた。さまざまな遺伝子がはたらき、タンパク質が合成・蓄積・分解されることで、神経回路に「記憶」が結ばれていく。一つの神経だけを見ても入り組んだ回路の全体像がわからないのと同じく、記憶という複雑な現象のしくみも、一つの因子だけに着目していては見えてこない。見つける遺伝子数は多い方がいい、とタリーは考えた。目標は……五〇個だ。

遺伝子探しの第一歩は、さまざまな遺伝子にランダムに変異を起こしたハエを用意し、記憶に異常が生じているものをふるい分ける**変異体スクリーニング**だ。

タリーはこれまでの所属研究室で身につけた方法にならい、研究室員たちと作業を分担しながら、ハエたちにパヴロフ条件付けの訓練をおこなうことにした。この訓練では、ハエたちにとっては本来特に害のない匂いを、電気ショックの刺激と組み合わせて記憶させる。ハエたちはその後、「T字迷路」と呼ばれる装置に入れられるのだが、この迷路の中では、二叉に分かれた左右の道に異なる匂いの気体が流れ込む。分かれ道に立ったハエが、訓練に使われた「嫌な記憶」の匂いを避けて進むかどうかを基準に、記憶に異常を示す変異体を探していくのだ。訓練時間やハエの日齢を変えながら同様の迷路試験を念入りに繰り返し、めぼしい変異体が見つかってきたら遺伝子の特定に移る。そして、変異の起きている遺伝領域を地道な実験で絞り込んでいき、個々の遺伝子の正体を数年がかりで突き止める。

タリーは、これから自分の研究室で見つかるはずの変異体群、そして、ゆくゆくは解明されるその原因遺伝子群に、パヴロフの飼っていた犬たちの名前をつけようと考えた。パヴロフ条件付けを研究してきた経緯に加え、タリー自身が犬好きであったことがその理由だった。*

たくさんの犬を使って研究を進めていたパヴロフも、犬好きだったのではないだろうか？そして、もしそうであれば、犬たちにそれぞれ名前をつけていたのではないだろうか。

大学や図書館でさまざまな資料に当たったタリーは、果たして、「パヴロフの犬」たちに名前がつけられていたことを探り当てた。ただし、自力の調査で見つけられた名前はたった一つ、「ビエルカ」**だけだ。米国とソビエト連邦の冷戦が続いていた当時、パヴロフについて英語で読める資料にはまだ限りがあった。***

そこでタリーは、モスクワの高次神経活動研究所に在籍する研究仲間、パーヴェル・バラ

*タリー自身は、学生時代に飼い始めた子犬に、一九世紀英国の生物学者ウェルドンにちなんだ名前をつけていたという。ウェルドンは海洋生物の研究者だったが、バセットハウンド犬（胴長の中型犬種）の毛色の遺伝学の研究もおこなっていた。

＊＊Белка：リス、あるいは「シロちゃん」といった意味。

バンに連絡をとった。ソ連が科学を国の柱の一つとしていたことから、科学者どうしの交流には制約が比較的少なかった。ロシア語の文献からパヴロフの犬の名前を探してもらえないか、タリーはソ連にいるバラバンに協力を頼んだのだった。

　バラバンは見事にその願いを叶え、パヴロフの研究とセミナーの記録集から次々と犬たちの名前を見つけ出してくれた。その数、なんと二一頭分。そして、名前探しの進捗と同時期に、タリーの記憶の遺伝子探しにも動きが出始めた。最初におこなった小規模スクリーニングから、記憶に異常のある変異体が四系統見つかったのだ。タリーはさっそく、そのうち二つに「パヴロフの犬」からとった名前をつけた。「ナリョート（Nalyot）*」と「ゴローヴァン（Golovan）**」だ。将来、どの遺伝子に変異が起きているかを突き止めれば、遺伝子にも同じ名前がつく***。

　こうして、タリーの取り組みは少しずつ前に進み始めた。研究プロジェクトも、名前探しも。しかし、タリーの内心には焦りもあったようだ。研究室員たちと見つけた変異体はわずか四系統。見つけた名前もまだ二一頭分。当初掲げた、遺伝子五〇個という目標にはほど遠かった。変異体も、そして遺伝子につけるための名前も、まだ足りない。もっと大規模な探索を進めなければ……。

より大規模なスクリーニング環境を求め、タリーは一九九一年秋、研究の拠点をコールド・スプリング・ハーバー研究所（CSHL）に移した。学会や研修で何度か現地を訪れていたタリーの活躍が見込まれ、研究所からじきじきに声がかかったのだった。****独立からまだ数年の若手研究者にとってはこの上なく名誉ある話だった。研究所があるのは、大西洋に浮かぶニューヨーク州郊外の島、ロングアイランド。木々の上で小鳥たちがさえずり、水辺には「生きた化石」とも呼ばれるカブトガニが集まる。同行したパートナーも一瞬でこの環境を気に入ったという。

***〈233ページ〉現在ではダニエル・P・トーデス（ロシア科学史・医学史研究者）による網羅的な研究書・伝記『Ivan Pavlov: A Russian Life in Science』（オックスフォード大学出版、二〇一四年）が出版されている。トーデスがロシアでパヴロフの手記や手紙の調査に着手できたのは、ソ連解体直前の一九九〇年だった。

*Налёт：強盗やごろつきが急に襲いかかってくることを指す。この犬は人によく飛びかかっていたのだろうか。

**Голован：首領、お頭（かしら）。「頭（あたま）」を指す「ゴロヴァ（голова）」が由来か。

***ただし、キイロショウジョウバエの遺伝子命名の慣習に従い、遺伝子名は英小文字の斜体となる（例：*nalyot, golovan*）。

****現在では、研究職の採用は公募によって決まることが多い。

この緑豊かな地に建つ研究所は、生物学の歴史に残る数々の発見がなされた場所でもあった。タリーの着任当時は、DNAの二重螺旋構造提唱者の一人であるワトソンが所長を務め、遺伝学の研究を拡大するにはまさにうってつけの環境が整っていた。野心的なジェームズ・ワトソンが脳や神経の研究に強い関心を持っていたことも、タリーが採用された大きな理由の一つだった。

意欲に満ち溢れたタリーは、さっそく五〇個の記憶遺伝子を探すための大規模スクリーニングを開始した。すると、その翌年の一九九二年、記憶の研究について講演をしてほしいとの依頼が舞い込んできた。しかも、彼を招きたがっているのは、なんとあのパヴロフの名を冠した、ロシア科学アカデミー・パヴロフ生理学研究所（パヴロフ研究所）の研究者たちだという。一九九一年一二月にソ連は解体し、新たに成立したロシア連邦が外国人に門戸を開き始めていた。パヴロフの足跡、そして犬たちの名前探しにはまたとない機会だ。タリーはロシア行きを即決した。

時の止まった部屋

その数ヶ月後、タリーはサンクトペテルブルクの地に立っていた。パヴロフ存命中にサンクトペテルブルク、ペトログラード、レニングラードと名前が次々変わったこの都市は、ソ連解体に伴い再び元の名前に戻っていた。いまだ混乱の中にあった街には、疲弊の気配が色濃く残っていた。いや、疲弊していたのはタリーの方かもしれない。長旅の疲れと時差ぼけに襲われ、がぶがぶと水を飲んだが、体のだるさは増すばかり。パヴロフ研究所にたどり着いた時にはすっかり困憊していた。

サンクトペテルブルク郊外の町、コルトゥシにあるパヴロフ研究所は、一九二九年、パヴロフ八〇歳の年に建設され、死去直前までの六年間に精力的な研究がおこなわれた場所だった。講演会を企画した二人の研究者、エレーナ・サワティィーヴァとニコライ・カミシェフ（それぞれ、現在は同研究所で研究室を主宰）は、遠方から訪れたタリーを温かく迎えてくれた。やはり研究者で、同研究所の教授を務めていたサワティィーヴァの母親は、ぐったりしていたタリーを介抱し、飲み水の煮沸のしかたを教えてくれた。体調不良の原因が生水にあると見抜いたのだ。文化の違いには戸惑うことも多かったが、友人や家族も交えての歓迎に、タリーの心も次第にほぐれていく。

「パヴロフの犬」の名前探しについて知ったサワティィーヴァは、講演の合間にタリーを関係者に紹介し、一人一人に事情を説明して、犬たちの名前を知らないかと尋ねてくれた。パヴロフ研究所の所長、コルトゥシのパヴロフ博物館の館長。長い手続きや挨拶を経て、タリーとサヴァティーヴァは数え切れないほどの人々に会ったが、答えを知る人は誰もいなかった。名前探しが不首尾に終わって落ち込むタリーを、毎晩、カミシェフとその友人が励ました。

滞在期限が近づく中、タリーの胸には次第に諦めの気持ちが芽生えていた。パヴロフの犬たちの名前を五〇個の遺伝子につける。その夢のためにやれるだけのことはやってきた。皆も親身になって力を貸してくれた。だが、自分の探索はこれで終わったのだ……。

最後の数日間、タリーはコルトゥシを離れてサンクトペテルブルクに出かけた。名前探しはすでに諦めていた。王宮の建物に収蔵品を集めた美術館、国立エルミタージュ（Эрмитаж：「隠遁者」の意）へとふらふらと吸い込まれるように入っていく。美術館の背後にはネヴァ川が流れ、対岸のワシレリエフスキー島にはパヴロフがかつて学んだサンクトペテルブルク大学が、その北東のペトログラッキー島には、パヴロフが早足で日々歩き回ったいくつかの研究機関があった。ゆかりの地が近くにあることは知らぬまま、タリーは迷宮のような建物の中をさまよい、絵画や彫刻に囲まれて丸三日を過ごした。

こうして、タリーは滞在の最終日を迎えた。帰路のことを考えていたタリーに、サワティーヴァが声をかける。パヴロフの旧居を訪ねてみる気はあるだろうか。学芸員が中を案内してくれるというのだが……。

彼女の提案に対し、タリーの内心は複雑だった。彼の中で名前探しはもう終わったものとなっていたし、この三日間は歩きづめで疲れ切っていた。だが、この件をずっと気にかけて動いてくれたサワティーヴァの厚意を無下に扱いたくもなかった。最終的に、二人は連れ立って現地を訪れることになった。

パヴロフの旧居は、サンクトペテルブルクのワシレリエフスキー島にあった。ネヴァ川に臨む三階建ての集合住宅はピョートル大帝の命により建てられたもので、一九一八年に六九歳のパヴロフが入居した際にはすでに築二〇〇年を超えていた。長くロシア科学アカデミーの管理下にあったこの建物は「学者たちの家」と人々から呼ばれ、多くの科学者とその家族が暮らしていたという。パヴロフはこの住まいで人生最後の一八年間を過ごし、コルトゥシの研究所にもここから通った。ギリシャ風の四本の柱が並ぶ正面の玄関ポーチは、一八〇〇年代初頭に周辺一帯の建物が改築された際の産物だ。パヴロフも仕事から戻るたびにその石造りの立派な外観を目にしていたのだろう。ただ、冷戦とソ連崩壊を経ての混乱からか、タリーが目にした一九九二年時点の建物の様子はどことなく物寂しかった。

二階の一一号室がパヴロフ夫妻の旧居であり、今は記念館となっている空間だった。高い天井にはシャンデリアが吊るされ、板張りの床には見事な織り模様の絨毯が敷かれている。

パヴロフの死後、妻が記念館化を提案し、科学アカデミーもその実現に向けて動き出したが、第二次世界大戦によって計画は中断していた。その間も、やはり生物学者だったパヴロフの娘を中心に室内の管理が続けられた。パヴロフが死去した一九三六年二月二七日以来、机の上のペン一本に至るまで、あらゆるものがほぼそのままの状態に保たれてきたという。戦後の一九四九年、パヴロフ生誕一〇〇周年に記念館がついに開かれた際にも、室内にはパヴロフ存命中と同じ時が流れているかのようだった*。

それは、早足でせっかちな研究者パヴロフの印象とは違う、ゆっくりとした時の流れだった。彼が仕事に向き合っていたという書斎でさえ、静かに腰を落ち着けて本を読む空間、あるいはソファに腰掛けて誰かと談笑するための空間のように見える。机の上には家族の写真や燭台、そして犬の置物がいくつも置かれていた。オーク材の重厚なキャビネットには丁寧な彫刻が施され、窓辺の大きな書棚には論文の原稿が収められている。記念館の学芸員（現：館長）のノンナ・コンスタンティノヴナ・ヴォルコワが、それらの一つ一つをゆっくりと解説していく。彼女の言葉をサワティーヴァが通訳してくれるが、タリーは上の空だった。二人は犬の名前探しのことをまだ言い出せていなかった。

旧パヴロフ宅は芸術の宝庫でもあった。チャイコフスキーも愛したというベッカー社のピアノは、往時にはパヴロフの元を訪れた客人や音楽家たちの手によって見事な音を奏でたという（パヴロフ自身はピアノを演奏しなかったそうだ）。そして、額に入れられた大きな絵画の数々。生前のパヴロフは美術館や展示会によく足を運び、画家たちとの交流も深かった。彼が収集した絵の一つ一つを、学芸員のヴォルコワはやはりゆっくりと解説していく……。

そこで、タリーは同行するサワティーヴァの口から聞き慣れた言葉が出てくるのを耳にした。滞在中、彼女が会う人ごとに尋ねてくれていた、犬たちの名前探しの説明だった。

「あら、パヴロフの犬たちのお話が聞きたいのでしたら……」とヴォルコワが答える。タリーの耳がその続きをとらえようとする。「……腰を下ろして、お茶とビスケットをご一緒しましょう。見学が終わった後にね！」

そう、見学はまだ続くのだ。ただでさえゆっくりとしていた時間の流れが、タリーにはもはや完全に止まったかのように感じられた。

＊ヨーロッパ神経学会連合の支援により開設されたウェブサイト「Unknown Ivan Pavlov（知られざるイワン・パヴロフ）」で、室内の写真を見ることができる。
https://www.unknownpavlov.com/the-museum-appartment/

　室内の説明をすべて終えると、ヴォルコワはキッチンの食卓にタリーとサワティーヴァを連れていった。先の言葉通り、紅茶を淹れ、ビスケットを並べてくれる。二人は形ばかり口をつけると、おずおずと話を切り出した。

「あの、犬たちのことですが……」

　すると、ヴォルコワは何も言わずに立ち上がり、書棚から革張りのアルバムを取り出すと、それをタリーに手渡した。革張りの表紙に、箔押しの文字。アルバムを開くと、犬たちの写真が目に飛び込んできた。黒いふさふさした犬、ぶち模様のすらりとした犬、軍用犬のような精悍な顔立ちの犬もいれば、柔和な表情の犬もいる。そして、それぞれの写真の下には、キリル文字で一頭ずつの名前が書いてあった。その数、しめて四〇頭。すでに目にしていた名前も少しはある。しかし、大部分は知らない名前ばかりだ。過去の調査との重複分を差し引いても、名前の合計はゆうに五〇頭分を超える！

　ぽかんとしているタリーに、学芸員のヴォルコワは、このアルバムがパヴロフ八三歳の年に弟子たちから贈られたものだとうれしそうに教えてくれた。タリーには目の前で起きていることが信じられなかった。探し求めてきた犬たちの名前が突如、その姿とともに目の前に現れたのだ。だが、ついにパヴロフの犬たちに「出会えた」実感がわいてくると、感激のあまり立ち上がり、ヴォルコワに米国式の抱擁《ハグ》を何度も浴びせた。

「ああ、ありがとうございます！　この犬たちはこれから、科学の歴史の一端を担う存在になるんです！」

自分がこれから発見し、犬たちの名前をつける遺伝子が、記憶の全体像というパズルのピースになっていく……。タリーはみるみる自信を取り戻していた。彼は持参したカメラで、アルバムのページを写真に収めた。その姿を見ながら、学芸員のヴォルコワには何か感じるところがあったのかもしれない。彼女はパヴロフの遺品である夜会帽を持ってくると、それをタリーの頭に被せた。ジーンズに斜めがけの布鞄、ささやかに伸ばした褐色のひげ。少し照れた表情のタリーに、パヴロフの黒いトップハットが勇気を与えてくれるようだった。*

遺伝情報の全体図を手に

これで犬たちの名前が手に入った。アメリカに戻ったタリーは、その名前を遺伝子につけるべく研究室員たちと奮闘した。作り出した変異体は数千系統、使ったハエは数十万匹。T

*タリーが『カレント・バイオロジー』誌に寄せた手記には、この時の様子をとらえた写真と、犬たちの写真（一部）が添えられている。Tim Tully. Pavlov's dogs. *Current Biology*. 2003, 13(4):R117-119. https://www.cell.com/current-biology/pdf/S0960-9822(03)00066-6.pdf/

字迷路を使った行動スクリーニングを重ねる中、記憶に異常のあるハエ系統が次々と見つかってきたが、変異が起きている遺伝子の特定には何年もの時間がかかった。変異箇所に目印をつけ、周辺の塩基配列を手繰り寄せるように少しずつ読み取っていき、遺伝子の全容をとらえる。九〇年代当時、これは一つの遺伝子を相手にするだけでも長い時間がかかるプロセスだった。* まして、五〇個ともなればなおさらだ。目印をつける作業については簡略化できたが、** 塩基配列の読み取りについては地道に作業を進める日々が続く。

しかし、二〇世紀が終わりに近づこうとした時、タリーたちの元にあるものがもたらされた。それは、各国の研究機関による共同プロジェクトによって解読がおこなわれ、二〇〇〇年にインターネットを通じて全世界に公開された、キイロショウジョウバエの**全ゲノム塩基配列情報**だ（コラム⑥「キイロショウジョウバエのゲノムプロジェクト」）。これまで手探りで読み取っていた各遺伝子の塩基配列情報の全容を、今後は検索一つで俯瞰できるようになる。タリーにとっては、ロシアで手にしたあの犬たちのアルバムが名前探しに与えたのと同じインパクトが、今度は遺伝子探しの面にもたらされた。独立して最初の九年間、タリーが研究室員らと五人がかりで特定した記憶の関連遺伝子はわずか四個だった。それが、全ゲノム塩基配列を利用できるようになると、彼らはたった一年ほどで五〇個を超える遺伝子を同定し、長年のスクリーニングで得られた変異体の原因遺伝子の洗い出しをすべて終えることができた。その後、見つかった遺伝子どうしの相互作用を探る実験が急ピッチで進められ、論文発表に向けて研究室は勢いづいた。

タリーがロシアでアルバムを手にしてから一一年、タリーの独立から実に一六年目となる二〇〇三年、研究の成果がついに『カレント・バイオロジー』誌に掲載された。論文には、前年までタリーの下でポスドクをしていたジョシュ・ダブノー（現：ニューヨーク州立大学ストーニーブルック校）を筆頭に、アンシン・チャン（江 安世、現：台湾国立清華大学）らが名を連ね、タリーとダブノーが共同責任著者となっている。

論文に添えられた補足資料には、変異体スクリーニングを通じて見つかった変異体の一覧が載っている。その名前はもちろん、「パヴロフの犬」たちにちなんだものだ。マラジエッツ（Moladietz：いい子、いい奴）、バルボース（Barbos：ロシアでよく使われる犬の名前）、ミールカー（Milkah：かわいい子）、ログディ（Rogdi：昔のロシアの皇太子の名前）……。ちなみに、

＊第2章「2　ムサシ」参照。
＊＊タリーらはこの簡略版の手法を、犬の首輪につける金属製の名札（鑑札、ドッグタグ）にちなみ「ドッグタギング（Dog-Tagging）」と呼んで論文に記している。

当時のタリーはおそらく知らなかったことだが、犬たちの中で特にパヴロフのお気に入りだったのは、セッターとコリーの間に生まれた雑種犬だったという。その犬と同じ「ドゥルゾーク（Durjok：友）」の名前は、変異体一覧の四六番目に載っている。しめて六〇系統の変異体の原因遺伝子のうち、これまでに知られていなかった遺伝子（新規遺伝子）に対しては、変異体名と同じ犬たちの名前がつけられた。

この論文でタリーたちは、変異体スクリーニングと並行して、DNAマイクロアレイ法という別の手法を使った遺伝子探索もおこなっていた。**二つの異なる手法を通じて、記憶に関わる遺伝子群のつながりを立体的に描き出す**ためだ。

DNAマイクロアレイ法では、**特定の条件下で活発にはたらく遺伝子**を網羅的に探し出すことができる。* タリーたちは合計六万匹のハエを使って実験をおこない、記憶の成立前後にかけて活発にはたらいていると思われる遺伝子群を見つけた。その四二個の遺伝子（記憶の成立時にはたらくと予想される）と、変異体スクリーニングで探し出した六〇個の遺伝子（記憶の成立時にはたらくものだけでなく、記憶のしくみを普段から下支えしているものもあると予想される）を見比べてみると、共通している遺伝子はたった一個だった。

他の研究者らによって「プミリオ（*pumilio*）**」という名前がすでにつけられていたこの遺

伝子は、メスの卵巣ではたらき、胚発生や神経の興奮に関わることが知られていた。一見、記憶とはあまり関係がなさそうだが、実はこの遺伝子は、他の遺伝子たちとのつながりを介して機能を発揮する。プミリオが作るタンパク質は、別の遺伝子から写しとられたmRNA***（メッセンジャーRNA）を捕まえて、そのはたらきを抑える作用を持つのだ。

そこでタリーらは、二種類の手法で見つかった遺伝子それぞれに改めて目を通してみた。すると、プミリオと同様、他の遺伝子のmRNAにはたらきかける遺伝子群****の存在が浮かび上がってきた。それぞれのmRNAをあるべき場所へと運ぶもの。運ばれてきたmRNAをその場に留め置き、タンパク質が作られる過程を助けるもの。タリーの名前探しが現地の

*第1章「2　カクセイ」で紹介したディファレンシャル・ディスプレイ法の後継技術として用いられることも多い。一九八〇年代後半に開発され、一九九二年にアフィメトリクス社（現：サーモフィッシャーサイエンティフィック）によって製品化された。

**ラテン語で「こびと」。この遺伝子が壊れたメスのハエが産んだ卵からは、胴体部分が短く、体の小さい幼虫が生まれることから。

***第3章「2　ムーンシャイナー」参照。

****特にプミリオとの関係性が高かった遺伝子は、ギュンター・グラスの小説『ブリキの太鼓』の主人公にちなんでドイツで命名された「オスカル（oskar）」。オスカルは幼児の体と成人並みの知能を持った人物。プミリオと同様、変異体の卵から生まれる幼虫の体が小さいことから。

人々の手引きなしには成功しなかったように、記憶の成立過程でも、ｍＲＮＡを神経細胞の中の適切な場所へ導く案内役が必要なのだ。これらのｍＲＮＡの情報を元に作られたタンパク質が、神経細胞の形を変えたり、神経どうしのつながりを強化したりと、それぞれの持ち場で活躍するのだろう。

ちなみに、以前クインらが発見していた「ルタバガ」などの遺伝子が主に短期記憶に関わるのに対し、タリーらの行動実験では長期記憶に関わる遺伝子に焦点を合わせている。はたらく遺伝子群の違いから、短期記憶と長期記憶には異なるしくみが関わっていることも推測された。遺伝子どうしが時に協働し、時に役割を分担することで、記憶の回路はつながっていく。

自分の道を切り開く

「パヴロフの犬」遺伝子一つ一つのはたらきを解明する仕事は、その後、論文を通じて別の研究者たちへと引き継がれていった。

タリーらが名づけた遺伝子群の一つ、「ログディ」は、コールシャッター＝タンズ症候群と呼ばれる病気に関係していることがわかってきた。かつて医師を目指し、生物学研究の道に進んだ後も医学への関心を持ち続けてきたタリーは、この展開を喜んでいたという。また、

を果たしているようだ。「ミールカー」*は記憶に関わる機能を持つほか、オスの体内で精子が作られる過程でも役割

タリー自身のキャリアも、その後、新たな展開へとつながっていった。「パヴロフの犬遺伝子群」論文の発表にさかのぼること六年前の一九九七年に、タリーはCSHL所長のワトソンとともにスタートアップ企業「ヘリコン・セラピューティクス」を立ち上げていた。CSHLでの基礎研究を医薬品開発に応用し、認知症などの記憶障害を回復させる薬を探すことが同社の狙いだった。学術研究と企業運営の二足のわらじを履く日々は、その後一〇年間続いた。

二〇〇七年、大富豪のケネス・ダート氏から創薬への支援を提案されたタリーは、悩んだ末、CSHLでの職を辞して本格的に産業界へと飛び込んだ。年間数百万ドル（日本円にして数億円）という豊富な研究費が投じられたダート・ニューロサイエンス社（カリフォルニア州サンディエゴ）で、タリーは脳の研究に取り組み、大学や非営利研究所などに所属するアカデミア（学究界）の研究者たちと成果を競い合った。

＊この遺伝子には、後に別の研究者によって「ハナビ（花火）」という別名もつけられている。

この企業は出資者の意向で急に解散してしまい、タリーの研究も行き止まりにぶつかったと思われた。だが、タリーは心機一転、かつての弟子であり、「パヴロフの犬」論文の共著者でもあるチャンとの縁をたどって台湾に渡り、国立清華大学で精力的に研究を続けている。

ＣＳＨＬに残された動画資料には、タリーが研究者の生き方について語る様子が記録されている。

「世の中には二種類の科学者が存在すると思います。キャリア主義者と、〔真の意味での〕科学者です」

「キャリア主義者というのは、まさに文字通り、自分のキャリアに関心を持っている人です。（中略）さて、一方の『科学者』ですが、私はこうした人々を芸術家になぞらえて見ています。新しい情報、新しい発想を作り出すことに関心を持っているからです。どのように創造するか、人は誰からも教えてはもらえません。目の前の問題について自分自身で考え、興味深い問いに答えを出すための道筋を、自分で決めなければならないのです」

パヴロフとその犬たちに導かれて始まった研究の旅は、これからも新たな道へとつながっていく。

コラム⑥──キイロショウジョウバエのゲノムプロジェクト

タリーらが「パヴロフの犬シリーズ」遺伝子群を特定する過程では、キイロショウジョウバエの全ゲノム情報が重要な役割を担った。

事の起こりは一九八〇年代、イタリア出身の腫瘍ウイルス研究者、レナート・ドゥルベッコ（英語圏ではダルベッコ）らが提唱した**ゲノムプロジェクト**だ。これは、生命科学研究で重要な役割を果たす生物を中心に、それぞれの種が持つ遺伝情報の総体（genome：ゲノム）を読み取るというプロジェクトだった。

キイロショウジョウバエやヒトに限らず、特定の生命現象に関わる遺伝子を各地の研究者がばらばらに探し、その塩基配列を毎回手探りで読み取るという従来の遺伝学アプローチには限界があった。しかし、研究対象となる生物種の遺伝情報（ゲノム）をすべて記した全体図を作ることができれば、遺伝子探しは格段に楽になり、さまざまな研究が加速するだろう。もちろん、遺伝情報の読み取りには大変な労力と時間がかかるが、多くの機関の研究者と技術者が協力し合うことで、一つの生物種につき数年から十数年をかけて全ゲノムの解読が完了するのではないかと期待された。

試みの壮大さに実現を疑問視する声も上がったが、一九八八年には米国内でヒトゲノムプロジェクトへの国家的支援が決まり、CSHL所長だったワトソンがリーダーに就任した。その動きは他の生物や国々の研究者にも広がり、九五年には、インフルエンザ菌という細菌（インフルエンザウイルス感染症とは無関係）が全ゲノム解読完了の第一号となった。その後も一部の細菌や酵母など、ゲノムの規模が比較的小さな生物での試験的なプロジェクトが成功し、そこで得られた知見が他の生物種のゲノム解読にも役立てられていった。

キイロショウジョウバエのゲノムプロジェクトは、ちょうどタリーがCSHLに移籍した一九九一年、ジェラルド・ルービン（第2章「3　ヴァン・ゴウ（ファン・ゴッホ）」参照）とアラン・C・スプラドリング（カーネギー科学研究所）を旗振り役に始まった。ルービンの在籍していたカリフォルニア大学バークレー校に本部が置かれ、各地の研究機関を結んだ取り組みが進められたが、一九九八年の時点で解読が完了していたのはゲノム全体の二〇パーセントほどだった。

そこに、かつて遺伝子研究の特許化を主張してワトソンらと対立した研究者、ジョン・クレイグ・ヴェンター（現：J・クレイグ・ヴェンター研究所代表）が現れ、ある提案を持ちかけた。自身が会長を務めるセレラ社（研究機器メーカーのパーキンエルマーが出資するゲノム解読企業）の技術を、宣伝代わりに無償で提供するというのだ。

ヴェンターは国立衛生研究所を辞職し、ゲノム研究に特化した非営利研究所を立ち上げるなど、独自の道で実績をあげてきた人物だった。全ゲノム解読完了の世界第一号となったインフルエンザ菌のプロジェクトも彼が主導したものだ。セレラ社の採用していた解析手法（ショットガンシークエンス法）は当時まだ有効性が疑問視されており、おまけにコンピューターによる大量の計算が必要だったが、申し出は断るにはあまりに惜しいものだった。「ショウジョウバエのゲノム塩基配列解読を終えるのに手を貸そうとしてくれる者は、誰であろうと私の友人だ」と述べたルービンは、ヴェンターとセレラ社の提案に乗ることにした。その結果、ゲノムプロジェクトは急速に進み、二年後の二〇〇〇年に全ゲノム配列を発表するに至ったのである。セレラ社にとっても宣伝効果は大きく、ヒトゲノムプロジェクトにも参入するなど、自社の技術を急速に広めるきっかけとなった。

キイロショウジョウバエのゲノムの長さは一億二〇〇〇万塩基対を超え（一塩基対＝一文字として計算すると本書の一〇〇〇冊分ほどに相当。ヒトゲノムの半分程度）、含まれる遺伝子は推定一万三〇〇〇個以上。ゲノムプロジェクトの結果、ヒトと共通する遺伝子や類似の塩基配列も数多く発見され、基礎生物学研究から医学への応用まで、モデル生物（第1章「2　カクセイ」参照）としてのハエの有用性も再確認された。

キイロショウジョウバエの遺伝子やその塩基配列の情報は「FlyBase〔フライベース〕」（「Base」の語に「データベース」と「塩基」の意をかけている）というオンラインデータベースに集められ、研究者が自由に検索できるようになっている（第4章「3　炎シリーズ」参照）。ゲノムプロジェクト完了によって加速した遺伝子研究は、今後も発展し続けるだろう。

3　炎シリーズ——情熱の火が照らし出した「痛み」の遺伝子群

一匹、二匹、三匹……。黒く小さなアリたちが、どこからともなく集まってくる。整然と列をなし、目的地までまっしぐらに行進していくその様子を、年のころ二、三歳の幼い子供が、道端にしゃがんでじっと見つめていた。時折、その列を木の枝で遮ってみると、それまでの規律正しい動きが途端に乱れ、興奮したアリたちは道いっぱいに四散した。だが、それからしばらく経つと騒ぎは収まり、一匹、また一匹と、アリたちは元の列へと戻っていくのだった。

隊列を組んで、黙々と歩みを進める虫たち。それを黙って見つめる少年の心には、生き物に対する興味と憧れの灯火が宿っていた。この少年の名は、本庄賢《ほんじょうけん》という。

本庄が研究者を志すようになったのは、六歳の時に祖母を亡くしたことがきっかけだった。

急に訪れた家族の死を受け止めきれなかった本庄は、母親に詰め寄り、こう口にした。

「どうして生き物は、みんな死ななきゃいけないの？」

もちろん、その理由は誰にもわからない。それでも、母は本庄の戸惑いに向き合い、その言葉に耳を傾けてくれた。考え込む息子の姿を見て、母はこんな言葉をかける。

答えを知りたかったら、研究者になって自分で研究するしかない……。


この言葉が、本庄の前に研究者の道を照らし出した。生き物への強い興味も相まって、彼はやがて「生き物が生きているしくみ」に関心を抱くようになっていく。生きていくために、生き物たちはその体にどんなしくみを備えているのか。生きているとは、そもそもどんなことなのか。次々に浮かぶ疑問を追いかけるべく、本庄は生物学を学ぶことにした。

出会い

一九九九年四月、筑波大学に入学した本庄は、授業を通じて生物学のさまざまな分野に触れる。生き物の体が作られていくしくみを探る発生学の実習では、人工臓器を作る研究ができないかと思いを巡らせ*、生命が維持されるしくみを学ぶ生理学の講義では、体内で物質や情報がやりとりされるネットワークに心を躍らせた。これは面白い。生きているとは、こういうことか……。

中でも、とりわけ彼の好奇心に火をつけたのが、神経生理学という分野だった。どんな動物も、環境に応じて適切な行動をとらなければ生きていけない。感覚を通じて集められた情報が脳で処理され、それに応じた指令が全身に送られる。神経生理学は、この**情報の入力、処理、出力**の流れが、神経細胞によってどのように生み出されるかを調べる学問だ。大学卒業を前にした本庄は、大学院に進学し、神経についての研究をしてみたいと考えるようになった。

そんな時に彼が出会ったのが、ハエを使って脳の進化を研究していた、古久保《ふるくぼ》-徳永克男《とくながかつお》の研究室だった。古久保-徳永は、スイスのバーゼル大学で発生学の研究室を率いた経験から、体の形づくりに関わるホメオボックス遺伝子群**が、実は「脳の形をつくる遺伝子」でもあることを明らかにし、大きな注目を浴びていた。これらの遺伝子は、キイロショウジョウ

＊京都大学の山中伸弥（ノーベル賞受賞者）らが、マウスの皮膚の細胞から人工多能性幹細胞（iPS細胞）を樹立したことを発表したのは、二〇〇六年になってからのことである。

＊＊第4章「1　オギ、メギ」も参照。

バエのような無脊椎動物と、ヒトやマウスのような脊椎動物の脳で共通してはたらくことがわかり、ハエを使った神経研究に懐疑的だった人々にその有用性を訴えかけるきっかけにもなった。

　発生学、神経科学、進化学の枠組みを超えて研究を進めてきた古久保‐徳永は、学生に対しても、プロジェクトの方向性を厳密に管理するのではなく、個人の裁量に任せる方針をとっていた。その指導スタイルは、生命現象への関心を次々に広げてきた本庄が、その興味を思う存分に追求する上でうってつけのものだった。

　二〇〇三年、大学院に進学した本庄は、古久保‐徳永の研究室で、嗅覚と味覚の二つの感覚が結びついて記憶される「連合学習」の研究に取り組むことになった。著名な遺伝学者、シーモア・ベンザー[*]が一九七〇年代に先駆的な実験をおこなって以来、多くの研究者がハエの成虫を使って研究を進めてきたが、本庄たちはそれよりも前の幼虫の段階に着目した。成虫以上に単純な脳構造を持つ幼虫を使うことで、情報伝達の基本的なしくみや、その成り立ちに迫ろうと考えたのだ。その狙いは的中し、研究は一気に加速する。幼虫を用いた新しい嗅覚学習実験系を確立した本庄と古久保‐徳永は、記憶に関わる「ダンス」[**]や「ルタバガ」[***]という遺伝子に変異を起こすと幼虫の時期から連合学習に支障が出ることなどを突き止め、二〇〇五年に神経科学の専門誌『ジャーナル・オブ・ニューロサイエンス』に発表した。

さて、論文発表に先立つ二〇〇四年の秋、本庄は古久保－徳永とともに米国の地にいた。目の前に太平洋を望み、メキシコとの国境にも接する西海岸の都市、サンディエゴ。この海辺の街で開催される北米神経科学会（SfN：Society for Neuroscience）の研究集会に出ることが、今回の旅の目的だった。米国の数都市の回り持ちで開催され、世界各地から数万人の参加者が集まる巨大学会である。広大な展示ホールには日替わりで数千枚の研究発表ポスターが並び、大小合わせて数十ヶ所の会議ホールでは、若手から大御所まで、事前に選ばれた発表者が壇上で最新の研究成果を披露する。次々と刺激的な発表がおこなわれる中、本庄の目はある講演に吸い寄せられた。

＊米国・ニューヨーク市生まれ。パデュー大学で物理学の助教を務めていた間に、遺伝暗号の解読に関心を持ち、研究領域を生物学に移す。バクテリオファージ（細菌に感染するウイルス）やキイロショウジョウバエを使った研究で数々の業績を残した。二〇〇七年に死去。

＊＊*dunce*：「愚か者」。シーモア・ベンザーらが一九七六年に発見・命名した。

＊＊＊*rutabaga*：根菜の一種で、「スウェーデンカブ」とも呼ばれる。シーモア・ベンザーの弟子であるウィリアム・G・クインらが発見・命名した遺伝子。野菜の名前がついた経緯については、第4章「2　パヴロフの犬シリーズ」を参照。

それは、ある科学賞の授賞式を兼ねた記念講演だった。受賞者として壇上にいたのは、あのシーモア・ベンザーである。ホールの照明が落とされ、講演が始まる。話が進む中で、前方の大型スクリーンに、つやつやとしたフランスパンのようなものが映し出される。それが何であるか、本庄にはすぐにわかった。彼が毎日のように見つめてきた、キイロショウジョウバエの幼虫だ。そこに、黒いススのついたピンセットが現れる。バーナーで軽く温められたピンセットの一端が、幼虫に近づき、その体に触れる。すると、幼虫は体を「く」の字に折り曲げ、コロ、コロ、コロ……とピンセットから逃げるように転がり、スクリーンの外へと消えていった。

この実験をおこなったのは、ベンザーの研究室にポスドクとして在籍した後、自らの研究室を立ち上げたばかりの若手研究者、W・ダニエル（ダン）・トレイシー・ジュニアだった。痛覚の研究にハエの幼虫を使うという、世界に先駆けた研究を進めていたトレイシーは、ベンザーの下で痛覚に関わる遺伝子を世界で初めて発見し、「ペインレス（*painless*：無痛）」と名づけて発表していた。その数年後、博士号取得を間近に控えた本庄は、別の学会でトレイシー本人の口頭発表を目にする。時に冗談を、時に身振り手振りを交えながら壇上で熱弁を振るうトレイシーは、その豊かな表現力で聴衆を引きつけて離さない。会場を巻き込んで活発な掛け合いを繰り広げ、質疑応答でのやりとりを元に、新たな実験の構想を矢継ぎ早に提案していく。発表が終わると、身を乗り出した聴衆から一斉に拍手が沸き起こった。本庄は熱気に包まれたホールで、静かにペンを握りしめていた。

大学院で連合学習の研究を進める中で、本庄はある根本的なことに思い当たっていた。自分の研究は感覚と記憶のつながりを探るものだが、そもそも、動物は外界からの刺激をどのように感じとっているのだろうか。本庄はこの「感覚情報処理」というテーマに、ポスドクとして取り組みたいと考え始めていた。

そんな時に目にしたのが、トレイシーによるあの研究だった。感情表現が豊かで、インスピレーションに突き動かされて進むトレイシー。一方、本庄は慎重派であり、感情をあまり表に出すことはない。だが本庄は、いわば自身と正反対の人物であるトレイシーの研究に引きつけられていた。転がりながらスクリーンの外に消えていった幼虫を、自分も追いかけてみたい。

意を決し、トレイシーに連絡をとってみると、トントン拍子に話が進んだ。博士号取得の翌年、本庄は日本の財団から受けた留学助成金*を手に、米国を目指して飛び立った。

閃き

湖の対岸にカナダを望む、ニューヨーク州郊外の小さな村で生まれたダン・トレイシーは、地元のペットショップで夢中になって魚を見つめる少年として知られていた。彼は何時間でも魚の行動を追いかけながら、ペットショップの店主を質問攻めにしていたという。

「インスピレーション型」とも言えるトレイシーの研究スタイルの片鱗は、学生時代からすでに現れていた。細胞からＤＮＡ分子を取り出す実験に感動して遺伝学者を目指した彼は、病床でがんの痛みに苦しむ祖父の姿を見たことから、医学における痛覚研究の必要性を痛感する。その研究を自らおこなうことになったのは、のちの妻となるガールフレンドの誘いでリトリート*に参加し、神経生理学分野の研究者**の話を聞いたことがきっかけだった。ラット（大型のネズミ）の尾を金属板に乗せ、その温度を少しずつ上げていくと、あるところでラットが尾をぱっと跳ね上げる（熱痛覚反射）。「熱い！」という感覚は痛覚の一種であり、そのしくみはヒトと動物の間でよく似ているのだという。

この話を聞いた途端、遺伝学の実験にキイロショウジョウバエを使っていたトレイシーの中で何かが閃いた。痛覚が動物にとって大事なら、それに関わる遺伝子はどの動物にもあるはずだ。遺伝学研究に有利なハエを使えば、**痛みを司る遺伝子群**を見つけられるのではないだろうか。リトリート会場から自宅へと車を走らせたトレイシーは、帰宅するなり実験にとりかかった。熱したピンセットをハエの幼虫に当てると、幼虫はそこから逃げるようにコロコロと転がり出す。やはりそうか！　だが、こんなに単純な現象を、世界中のショウジョウバエ研究者たちが見過ごしてきたはずはない……そう思って文献を調べたが、ハエの熱痛覚反射を記載した例は見当たらなかった。

トレイシーは、一九九九年に博士号をとるまでこのアイディアを温めたのち、思い切って、ハエの遺伝学の重鎮であるベンザーに相談してみた。カリフォルニア工科大学にいたベンザーは快く彼をポスドクとして受け入れ、痛覚に関わる遺伝子の探索に存分に取り組ませた。記憶・学習の変異体であるダンス、概日《がいじつ》リズム***の変異体「ピリオド****」、性行動の変異体

*〈261ページ〉上原記念生命科学財団海外ポストドクトラルフェローシップ。

*避暑地やキャンプ場など、普段の環境から離れた場所で研究発表やレクリエーションをおこなう催し。日本の大学院でも開催されている。

**ニューヨーク州立大学ストーニーブルック校の教授、ローン・メンデル。

65ページ注参照。

****period：「期間、周期」。コラム⑦「時計遺伝子と波間のひととき」参照。

「フルートレス」*など、歴史的に重要な数々の遺伝子変異を発見・命名してきたベンザーの研究室で、トレイシーは自ら持ち込んだ研究テーマを開花させた。ショウジョウバエで痛覚に関わる遺伝子を世界で初めて発見し、ペインレスと名づけて『セル』誌に発表したのは二〇〇三年のことである。翌年に独立し、デューク大学医学研究所に自分の研究室を立ち上げてからも、トレイシーは痛覚研究の第一線を走り続けていた。

米国屈指の名門私立大学として知られるデューク大学は、ハイテク産業が盛んなノースカロライナ州ダーラムにあり、研究者へのサポート体制や研究施設が充実している。二〇〇九年にトレイシーの研究室に加わった本庄も、その研究環境を満喫した。言葉の壁や日米の文化の違い、さらには、直感に従って動くトレイシーの研究スタイルに戸惑いつつも、本庄は新しい技術を学び、念願だった感覚の研究に取り組むことができた。

当時のトレイシー研究室では、大学院生のリチャード・ファン（現：医師）、リーシェン・ギォン（現：テキサスA&M大学）、ステファニー・E・マウスナー（現：インディアナ大学）らにより、外界からの痛覚刺激を感じとる細胞（痛覚受容細胞）ではたらく遺伝子を探す研究が進められていた。体長わずか三ミリメートルほどの幼虫の体から、さらに小さな痛覚受容細胞をレーザー手術で切り取り、そこで活発にはたらいている遺伝子を他の細胞のものと比較する。本庄は、この研究で見つかった候補遺伝子のふるい分け（スクリーニング）をおこない、熱痛覚に関わるものを絞り込むことになった。RNA干渉**という技術を使って遺伝子のはたらきを人為的に抑え（遺伝子ノックダウン）、幼虫の熱痛覚反射に異常が起こるかどうかを調べるのである。

本庄がおこなうことになったのは、かつて学会で目にしたあの実験だった。摂氏四〇度以上に熱した金属の棒（熱プローブ）を幼虫の体に当て、幼虫が転がり始めるまでの時間を測定する。痛覚が過敏になっている場合は、反応を示すまでの時間は短くなり、反対に、鈍感になっている場合はその時間が長くなる。摂氏四六度の熱プローブを当てると、二、三秒で幼虫が転がり始めるのが普通だった。

ずらりと並んだハエ入りの瓶を前に、本庄は黙々と実験に取り組んでいった。彼にとって、初めての遺伝子スクリーニングの経験だった。瓶には番号だけが書かれており、どの瓶に何

＊ *fruitless*：「実りがない」。

＊＊英語では「RNA interference」、略して「RNA-i」と呼ばれる。一九九八年に、ワシントン・カーネギー協会（当時）のアンドリュー・ザッカリー・ファイヤー、マサチューセッツ大学のクレイグ・キャメロン・メルローらにより開発。両者は二〇〇六年にノーベル生理学・医学賞を受賞した。

の遺伝子の変異体が入っているかは、対応表を見なければわからないようになっていた。瓶から幼虫を取り出しては、そっと熱プローブを当てていく。しかし、全体の四分の一ほどまで進んでも、目に見えて違いを実感できる変異体はなかった。

その日も、本庄はいつものように実験をおこなっていた。幼虫たちを取り出し、そのうちの一匹に熱プローブを当てる。一、二、三秒。幼虫がコロコロと転がり始め、本庄は反応時間を記録する。続いて、次の一匹、また一匹。一つの系統につき、この作業を一五匹分繰り返したら、次の系統の瓶に移る。

夕方の五時を過ぎ、研究室からは人が次々に帰り始めていた。そんな同僚たちを尻目に、本庄はその日何本目かになる瓶を開けて幼虫を取り出し、その一匹に熱プローブを当てた。一、二、三秒……ところが、その幼虫はまるで反応を示さない。……六、七、八、九……ようやく幼虫が転がり始めたのは、一〇秒以上経ってからのことだった。まさか。本庄は同じ系統の幼虫に次々と熱プローブを当てていく。一匹、また一匹。ほとんどの個体が、熱に鈍感になっていた。

内心、本庄は興奮していた。だが、その日の実験はまだ残っている。胸の高ぶりを抑えながら記録を残し、次の系統にとりかかる。しばらくするとまた一つ、同じような系統が現れた。やはり、熱プローブを一〇秒近く当て続けても、幼虫たちがまったく反応を示さない。本庄はたまらず、二つの瓶に書かれた番号を対応表で探し、何の遺伝子に変異が起きているのかを確認した。二つの系統は、どちらも同じ「*dpr11*」という耳慣れない遺伝子に変異が入っていた。間違いない、この遺伝子は「当たり」だ……。

その日の実験を終えた時、研究室にはほとんど誰も残っていなかった。本庄はコンピューターを開き、キイロショウジョウバエの遺伝子の情報がまとめられている「FlyBase（フライベース）」*というデータベースにアクセスした。あの遺伝子のことを知るためである。「*dpr11*」という名前を打ち込むと、遺伝子の情報を示す画面が現れた。だが、そこにはほとんど何も書かれていない。この遺伝子には名前こそついているものの、機能についてはほとんど何もわかっていなかったのだ。**

真っ白なページを前に本庄はしばし呆然としていたが、やがて、じわりと湧き上がってく

---

*コラム⑥「キイロショウジョウバエのゲノムプロジェクト」参照。

** *dpr11*：「***d**efective **p**roboscis extension **r**esponse **11***（口吻伸展反射欠損11番）」。「ムサシ」遺伝子（第2章）を命名した中村真（現：松山大学）がクレイグ・モンテル（現：カリフォルニア大学サンタバーバラ校）との共同研究で発見した遺伝子群の一つ。ハエが糖分を求めて口を伸ばしたり（口吻伸展反射）、塩辛い味を避けて口を引っ込めたりする反応に関わる遺伝子のスクリーニングで発見された。

る興奮に気づいた。研究が進んだら、ここにどんな説明を書き足すことができるだろうか……。その晩、彼の頭の中では、遺伝子の機能についての妄想が次々と広がっていった。

命名

研究者人生で初めての変異体スクリーニングで、初めてのヒット（当たり）を得た本庄。その喜びを感じる一方で、すぐに心配も浮かんできた。

「スクリーニングでヒットした（当たりが出た）としても、その先の解析で面白い結果が出るかどうかは、また別の話だ」

たった一つのヒットで慢心している場合ではない。気を引き締め直した本庄は、一系統、また一系統と実験を進め、二七五系統を調べ終えた。その中で、反応の鈍さ、あるいは敏感さがトップクラスだった変異体については、テストに使う個体数を三倍の四五匹に増やして再実験をおこない、同様の結果が見られること（再現性）を確認した。

念入りなスクリーニングを経て、本庄は最終的に、熱痛覚の感受性に関わる遺伝子を三六個見つけ出した。ノックダウンによって熱に鈍感になる遺伝子が一四個、過敏になる遺伝子が二二個。そのうち、まだ名前のついていないものは一六個あった。これらはどれも、機能はおろか、その存在さえも知られていなかった遺伝子である。

キイロショウジョウバエの遺伝子命名文化に触れてきたトレイシーと本庄には、もちろん、これらの遺伝子に味気ない名前をつけるつもりはなかった。トレイシーに「どんな名前をつけるつもりだい？」と聞かれた本庄は、こう答えた。

「燃えやすい物や、熱に強い物にちなんだ名前はどうでしょうか。熱による痛みに関わる遺伝子ですし」

この提案にトレイシーがうなずいたことから、本庄はさっそく遺伝子名を考え始めた。本庄はまず日本語で連想を広げ、その後、対応する英語の言葉を辞書で探していった。変異によって熱に鈍感になる遺伝子には、炎や熱に耐性があるもの、変異によって熱に敏感になる遺伝子には、燃えやすいもの、火に敏感なものの名前を当てていく。

燃えやすいものといえば、まずは燃料だ。本庄はガソリンとジェット燃料から、それぞれ「ギャソリン（*gasoline*）」、「ジェット・フユエル（*jet fuel*）」という名前を考えた。導火線の一種である「ブラック・マッチ（*black match*）」、雷管を指す「デトネイター（*detonator*）」、導爆線の代名詞である「プリマコード（*primacord*）」は、着火や爆発のイメージから出た名前だ。

また、キャンプの焚き火や携帯用コンロにも、火をつけやすくする工夫がある。最初に燃やす「焚きつけ」は、英語で「ファイヤーライター（*firelighter*）」だ。火が大きくなるのを待てない時には、短時間でお湯を沸かせる「ジェットボイル（*jetboil*）」という携帯コンロが使える。ただ、米国でキャンプをする時には周りの環境にも注意したい。葉に油分を多く含むユーカリの木は、山火事の大きな原因の一つとなっている。英語では「ユーカリプタス（*eucalyptus*）」だ。一気に燃え上がる山火事の煙は、近隣の家々の警報機（「スモーク・アラーム（*smoke alarm*）」）を作動させるだろう。

続いて、炎や熱に耐性のあるものを挙げていく。火事からすぐに思いつくのは消防士（ファイヤー・ファイター）だが、これは先ほどの「ファイヤーライター」と似ていて紛らわしい。代わりに本庄が使ったのが、消防士たちが着ている防護服「バンカー・ギア（*bunker gear*）」だった。蒸気機関車やビルの暖房を操作・点検するボイラー技士（「ボイラーマン（*boilerman*）」）、燃え盛る松明を操る「ファイヤー・ダンサー（*fire dancer*）」も、熱に強くなくては務まらない仕事だ。

焼けつくような砂漠に暮らす中東の人々は、「トーブ（*thawb*）」と呼ばれる、通気性のある白い生地で服を仕立てる。ＮＡＳＡが開発した「スペース・ブランケット（*space blanket*）」も、銀色の面が熱を反射し、灼熱の地で身を守ることができる優れものだ。金属製の鍋敷きや五徳のことを指す「トライヴェット（*trivet*）」、鍋つかみを指す「オーヴン・ミット（*oven mitt*）」も、熱い鍋から家具や身を守ってくれる道具である。

これら一六個の遺伝子名を、本庄は比較的スムーズに考えつくことができたという。この当時、熱痛覚の遺伝子はまだほとんど発見されておらず、既存の遺伝子名との重複はあまり心配なかった。それでも、本庄はFlyBaseやインターネットの検索エンジンを使い、遺伝子名とその略称について、それぞれ同じものがすでに存在していないかを調べた。彼がずらりと並べたこれらの名前には、トレイシーも賛成だったという。*

帰国

さて、遺伝子名も決まり、論文の執筆を進めていた二〇一三年のある日、トレイシー研究室に衝撃が走った。これまで研究室を支えていた研究費の打ち切りが決まったのだ。翌年からの研究が進まなくなるだけでなく、光熱費や家賃に相当する費用（施設の管理費、電気代、

＊唯一、本庄がトレイシーから指摘されたのが、当初「鍋つかみ」のつもりで提案した「*mitt*」という名前だった。これでは「手袋」になってしまうということで、「*oven mitt*」に訂正したそうだ。

共有機器の使用料など）を大学に支払うこともできなくなる。そうなれば、トレイシーは大学を出ていくしかない。研究続行のため、各人が奔走する日々が始まった。トレイシーは新たな研究費の申請と、研究室の移転先探しを進める。また、二〇〇九年の渡米から五年目を迎え、プロジェクト完了後の帰国を考え始めていた本庄は、日本で研究を継続するため、予定を前倒しして本格的な職探しを始めた。

その後、静岡県にある国立遺伝学研究所の特別研究員に採用された本庄は、二〇一四年に帰国することになる。論文投稿・掲載を終えての凱旋帰国は叶わなかったが、引き続き痛覚の研究に取り組むことができるポジションだった。彼は新生活の立ち上げに追われながらも研究を進め、翌年には古巣の古久保‐徳永研究室に戻って、そこで小さな研究チームを立ち上げた。同じ頃、トレイシーも米国のインディアナ大学ブルーミントン校に研究室を移し、体制の立て直しを始めていた。日米の時差に悩まされながらも、本庄とトレイシーは議論を重ねて論文を完成させ、投稿後は査読者からの修正要求に対応した。

本庄が日本に帰国してから二年が過ぎた二〇一六年六月、ついに、彼らの論文が『セル』の姉妹誌である『セル・リポーツ』に掲載された。この論文には、本庄を筆頭に、研究データの取得に共同で携わったマウスナー*、デューク大学医療センターの職員で、痛覚受容細胞のレーザー採取や遺伝子解析に関わったユー・ワン、J・H・ペイト・スキーン、そして、トレイシーが名を連ねている。

彼らが見つけた遺伝子の中には、ヒトをはじめとする哺乳類にも共通して存在するものも少なくなかった。「**痛覚のしくみはヒトと動物で似ており、そこに関係する遺伝子も共通しているはず**」という、学生時代のトレイシーの予想は当たっていたのだ。痛みは危険から身を守る大事な感覚である一方、その感覚が過敏になれば、本当は害にはならないはずの刺激からも痛みを感じ、長期にわたって心身のストレスに苦しむことになる（慢性疼痛）。痛覚の敏感さや鈍さに関わる遺伝子の発見は、これまで治療が難しかったヒトの慢性疼痛の原因を探る手がかりにもなる。本庄はその後、スクリーニングで見つかった遺伝子群の一部をさらに掘り下げて調査し、痛覚過敏が生じるしくみの研究を進めていった。続報となるその成果は、二〇一八年、『プロス・ジェネティクス』誌にトレイシーとの共著論文として掲載さ

＊彼女らは別途、痛覚（熱ではなく、機械刺激に対する痛覚反応）に関わる遺伝子を発見し、「バルボア（*balboa*）」と名づけて『カレント・バイオロジー』誌に発表している（この論文には本庄も名を連ねている）。映画『ロッキー』の主人公で、パンチの痛みに負けずに戦い続けるボクサー、「ロッキー・バルボア」が名前の由来である（コラム③「創作・神話にちなんだ遺伝子名」も参照）。映画の題名とも重なる「ロッキー（*rocky*）」の名はすでに別の遺伝子に使われていたという。

れた。

名づけの力

遺伝子の命名文化に愛着を感じ、自らもその担い手となった本庄だが、遺伝子に名前をつけるという行為には、功罪二つの側面があると感じているという。

「変異体の特性や遺伝子の機能をわかりやすく表現することで、印象に残りやすくなりますし、ユーモアのセンスで人を楽しませることもできます」

一方で、遺伝子はしばしば多面的なはたらきを持つことがある。研究が進むにつれ、最初につけた名前とは関係のない性質が明らかになっていき、「名は体を表す」とは言いがたい状況になることも多い。塩基配列の情報から遺伝子のはたらきを予測し、それに沿った実務的な名称をつけるべきだという意見も出ているそうだ。

それでも、本庄は個人的にこの命名文化が好きだという。遺伝情報の分析技術は日々進歩しているが、初めから遺伝子のはたらきの全容を予測できるわけではない。たとえ一面だけではあっても、遺伝子や変異体の特徴をうまくとらえた名前をつけることができれば、遺伝子が人々の記憶に残りやすくなる。名前がきっかけとなって注目が集まり、遺伝子のはたらきを解き明かす研究も進んでいくかもしれない。

気の利いた遺伝子名を論文で見つけると「本当に楽しい」と本庄は話す。お気に入りの遺伝子名を尋ねると、ホメオボックス遺伝子の一つである「ティンマン（*tinman*）」を挙げてくれた。心臓を作るのに必要なこの遺伝子は、『オズの魔法使い』の登場人物で、心（心臓）を持たない「ブリキの木こり」にちなんで命名されたものだ。* 他に、「サトリ」** や「サウザー」*** などの変異体名も、特徴をとらえつつひねりを効かせた名前として、彼の心に響いているという。

「痛覚の研究の世界ではショウジョウバエは非常に少数派ですが、ぜひこれから、ショウジ

＊米国・ハーヴァード大学医学部のリリー・ジァン、ユーヌン・ジァンの下で研究を進めたロルフ・ボッドマー（現：ミシガン大学）が命名。『オズの魔法使い』は、その後も「オッド・オズ」、「ドロシー」、「トト」など、多くの遺伝子名の着想源になっていった。

＊＊ *satori*：「悟り」。東北大学の山元大輔（現：情報通信研究機構　未来ICT研究所）らによって発見された変異体。オスがメスに対する求愛をおこなわないことから名づけられた。のちの研究により、フルートレス遺伝子の異常が原因になっていることが解明される。

＊＊＊漫画「北斗の拳」の登場人物であり、内臓の位置が通常の人間とは左右逆になっている（内臓逆位）。キイロショウジョウバエの内臓逆位の変異体として、東京理科大学の松野健治（現：大阪大学）らによって発見・命名された。

ヨウバエのことを多くの人に知ってもらえるように頑張りたいと思います」と語る本庄。痛覚関連遺伝子につけられたユニークな名前は、そのきっかけの一つとして、人々の知的好奇心に火をつけていくことだろう。

コラム⑦——時計遺伝子と波間のひととき

二人のマイケル

二〇一九年一〇月、ニューヨーク州ロングアイランドの海辺に建つコールド・スプリング・ハーバー研究所（CSHL）。本書の著者の一人である石井健一は、この地で二年に一度開催される研究集会に参加していた。老若男女、四百人超の研究者が世界各地から集まった会場は、外に広がる初秋の穏やかな光景（第4章「2　パヴロフの犬シリーズ」参照）とは対照的に、むせ返るような熱気に満ちている。「Neurobiology of *Drosophila*（ショウジョウバエの神経生物学）」と題されたこの集会では、ハエを使った最先端の神経科学研究について、論文掲載前の最新データを含めた研究発表と情報交換がおこなわれる。

この日、講堂に集まった満員の聴衆は、ある研究者たちの特別講演を待ち望んでいた。マイケル・ロスバッシュ（米・ブランダイス大学）とマイケル・W・ヤング（米・ロックフェラー大学）。この集会の常連でもある二人のマイケルは、互いにジョークを浴びせながら登壇し、聴衆がそれを拍手で迎えた。豪快なロスバッシュと穏やかな口調のヤング、昼と夜のように対照的な話しぶりの二人。彼らはCSHLと同じ米国東海岸に研究室を構え、**時計遺伝子**と呼ばれる遺伝子群の発見・研究競争で火花を散らしたライバルどうしだった。

生物の体や細胞には、おおむね一日の周期と一致する（二五時間前後）「概日リズム」を刻むしくみがある。一九七一年にロナルド・J・コノプカとシーモア・ベンザーが概日リズムに異常の生じるキイロショウジョウバエ変異体を発見し、原因遺伝子を「ピリオド（*period*：周期）」と名づけたところから、概日リズムをめぐる遺伝子研究が始まった。

一部の研究者が水面下で進めていた研究の内容が急浮上したのは一九八四年一〇月。ロスバッシュとジェフリー・C・ホールの主宰する二研究室が合同でピリオド遺伝子の塩基配列を突き止め、論文で発表したのだ。するとその二ヶ月後、今度はヤングの研究室からも論文が出される。概日リズムの崩れた変異体に正常なピリオド遺伝子を送り込み、表現型の異常を抑えること（レスキュー）に成功したとの内容だ。ヤング研究室もロスバッシュらと同様、概日リズムに関わる遺伝子の実態をかねてから探っていたのだ。

こうして、ロスバッシュとヤング、二人のマイケルの間で波乱の競争が始まった。こちらのチームが遺伝子の新たな機能を見つければ、あちらのチームがそれに関わる別の遺伝子を発見する。また、キイロショウジョウバエから始まった時計遺伝子の研究は、ハムスター、アカパンカビ、シロイヌナズナ、マウス、ニワトリ、藍藻（シアノバクテリア）など、他のモデル生物を扱う研究者たちにも波及した。「フリークエンシー（*frequency*：頻度・周波数）」、「クロック（*clock*：置き時計・掛け時計）」、「タイムレス（*timeless*：時を超えた）」、「カイ（*kaiA, kaiB, kaiC*：「回転」の略）」など、概日リズムや体内時計に関わる遺伝子が多様な生物から発見された（「クロック〔*clock*〕」の名は、遺伝子が壊れた際の表現型にちなんだ「**cir-cadian locomotor output cycles kaput**〔概日性運動出力周期が壊れてしまった〕」の略でもある）。

何年にもわたる研究の結果わかってきたのは、複数の時計遺伝子群が連携し、自己調節と相互作用によって概日リズムを刻むしくみ（転写翻訳フィードバック・ループ機構）だ。あちらの遺伝子が活発になれば、こちらの遺伝子のはたらきが抑えられ、各遺伝子の活性が波のように周期的に上下する（正弦波〔サインカーブ〕）。水辺に建つCSHLの講堂で、二〇一九年のロスバッシュとヤングが時計遺伝子研究の黎明期を振り返り、聴衆は興味津々、前のめりで話に聞き入る……。

ルームメイトの回想

さて、ここで時計の針を二年前に巻き戻す。二〇一七年一〇月の夕方、石井は同じCSHLの講堂で、講演者として壇上に立っていた。この年、初めて参加を申し込んだ「ショウジョウバエの神経生物学」の集会で、初日の口頭発表枠に選ばれたのだった。

当時の石井は、日本での三年間のポスドク期間に続き、西海岸のカリフォルニア州南部で二度目のポスドク生活を送っていた。東海岸にあるCSHLとの時差と移動時間を考え、まだ暗い早朝のうちに家を出たが、乗り込んだ飛行機は数時間も離陸が遅れてしまう。機内で腕時計をにらみ、ニューヨークに着いてからは電車を乗り継ぎ、駅からは他の発表者らとともに相乗りのウーバー（配車サービス）に飛び乗って、大急ぎで会場へ。開会式や食事は逃してしまったが、講堂でのリハーサルには間に合った。普段はかかない大汗をかきながらも、満員の会場から喝采を受けて発表を終えることができた。

会場の外に出ると、辺りはもう真っ暗だ。宿泊先は木々に囲まれた構内のロッジ。見知らぬ参加者との二人一組の相部屋である。恐

2017年、CSHLで口頭発表を行う石井

る恐る中に入ると、そこにいたのはＰＩ（研究室主宰者：コラム①「遺伝子研究に携わる人々」参照）とおぼしき年上の研究者。フランソワと名乗るそのルームメイトは、いつも穏やかな笑顔だが寡黙だった。会場でおこなわれる懇親会などには出ずに、毎晩早く就寝していた。

　五日間の会期が順調に進む中、この集会の常連でもあるロスバッシュとヤングが二〇一七年のノーベル生理学・医学賞に選ばれたとの情報が会場内に伝えられた（ホールとの共同受賞。発表は集会の会期が始まる直前の一〇月二日だった）。二人のマイケルの受賞を知って皆が拍手喝采し、壇上の司会者は陽気に踊り出す。ぜひ会期中に特別講演を、という声が上がったのだが、なんと、当の受賞者たちはその回たまたま不参加だった。

　そこで急遽、会場にいたゆかりの人々による記念講演会が企画された。かつての同僚、教え子……司会者たちが名簿や資料を見ながら目についた名前をアナウンスし、当時の研究事情についての講演を依頼していく。大喜びで請け負う人、照れながらも承諾する人。さまざまな反応を見せる参加者たちの中で挙がったのが、石井との相部屋に泊まるあのフランソワの名だった。現在、仏・パリ＝サクレー神経科学研究所で研究室を主宰する彼（フランソワ・ルイエ）は、さかのぼること四半世紀前、時計遺伝子群をめぐる競争のさなかの九〇年代前半にロスバッシュ研究室でポスドクをしていたのだ。

名前を呼ばれて立ち上がったものの、フランソワは明らかに困惑していた。「そんな、私なんて……」と、横に首を振り続ける。だが、とうとう会場の熱気に押されて講演を押し付けられてしまった。しかも、記念講演会を締めくくる最終枠を。

正弦波とラボの盛衰

ロッジの部屋で着替えるわずかな合間に、フランソワはロスバッシュ研究室でのポスドク経験を石井に話してくれた。マイケル・ロスバッシュは厳しいボスで、「魅力的（charming）かつ押しが強い（pushy）」PIだったこと。彼との一対一のミーティングに向かう時はストレスで足取りが重く、帰りはたいてい、沈んだ気持ちで自分の机に戻ってきたこと。しかし、彼の先見性と人を動かす情熱には当時から驚かされていたこと。

「記念講演をされるそうですね」と石井が聞くと、途端にフランソワの笑顔が消えた。「急に言われて困ってしまった、他にも適任者がいるはずなのに……」とつぶやく。

それからは、会場でフランソワの姿をあまり見なくなった。石井が荷物を置きにロッジの部屋へ戻ると、彼はパソコンに向かっていた。肩越しに見えたその画面には、時計遺伝子の研究でおなじみの正弦波の図が映っていた。

そして、いよいよ記念講演会が始まる。急遽設けた企画のため、時間進行に余裕はない。ゆかりの人々の話が次々と続き、最後にフランソワの番がやってくる。係員の合図で素早くコンピュータを接続する。だが、目の前の大スクリーンは真っ暗のままだ。機器の相性が悪いのか、あるいはデータのせいなのか、せっかく作ったスライドはなかなか表示されなかった（後で本人に聞いたところ、スライドを作るよう頼まれたのは本番の二時間前だったという）。

係員が接続を慌ただしく確認する中、まだかまだかと皆が待っている。するとフランソワはステージ脇の講演台から中央へと歩き出し、置いてあったチョークを手にとると、講堂正面の黒板に向かった。彼が力強く描きつけたのは、大きな正弦波。

「これは皆さんご存知の概日リズムです」

そう口を開いたフランソワは、波の起点に「*period*（ピリオド）」と遺伝子名を書き加える。その塩基配列を決定したことに始まり、一日の中で波のように遺伝子の活性が上下するしくみを提唱するに至る流れは、ロスバッシュとホールが率いるブランダイス大学チームの功績だ。黒板の正弦波の最初の山に、フランソワは「フィードバック・ループ機構」の説明を添えた。その後に続く谷と山にも、当時の苛烈な競争の中で見つかった時計遺伝子群の名前を書き加えていく。

「しかし、この波はロスバッシュ研究室の盛衰の歴史でもありまして……」。そう続けながら、フランソワは最初の下り坂に矢印をつける。谷底にあるのは「*timeless*（タイムレ

時計遺伝子群研究の歴史を描いた黒板の図（再現）

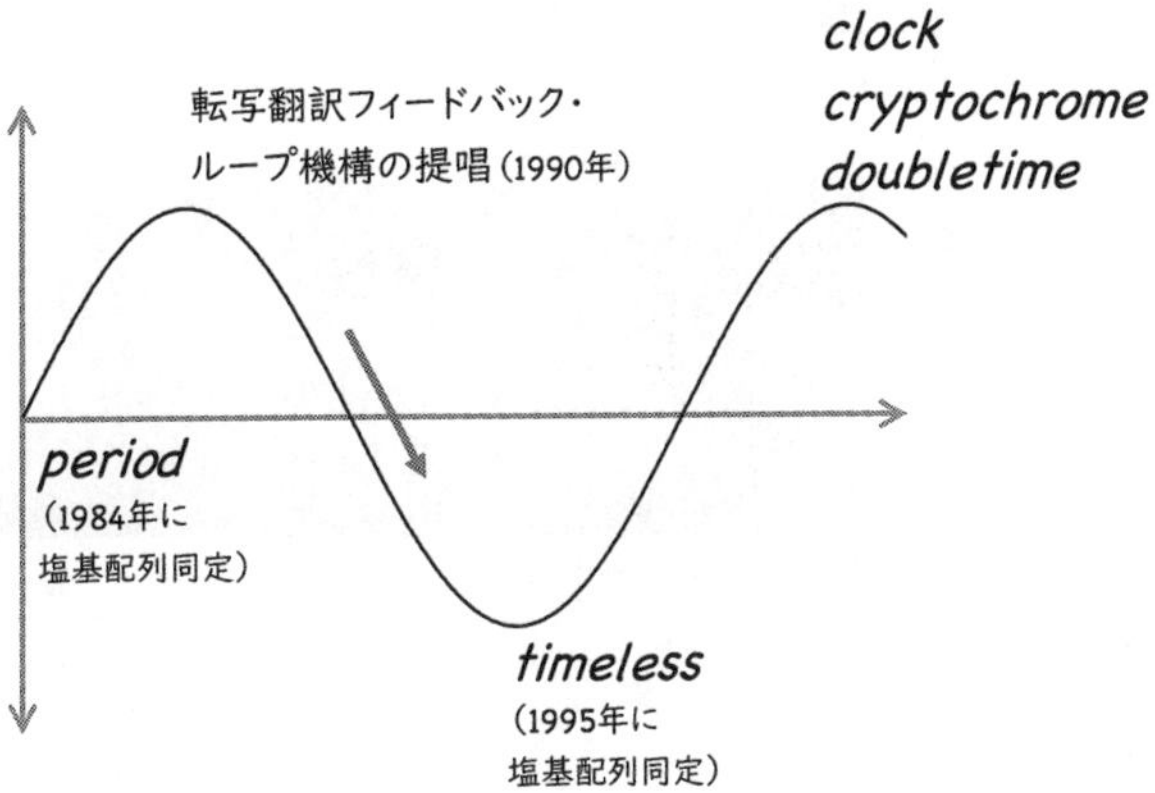

ス）」の文字。この遺伝子の発見を成し遂げるのはロスバッシュ研究室ではなく、ライバルのヤング研究室だった。

「こうして暗黒期へと向かっていたロスバッシュ研究室に、私はポスドクとしてやって来たのです」

これまでの寡黙な姿とは一転した、ユーモア溢れる話しぶりだった。「特に目立った出来事もなかった時期の話で恐縮ですが……」と言いながら、マイケル・ロスバッシュの豪快な人柄に触れ、当時のエピソードを披露し会場を笑顔で包む。哺乳類（マウス）から特定された「*clock*（クロック）」、植物（シロイヌナズナ）で見つかった「*cryptochrome*（クリプトクローム）」など、ハエ以外の生物をモデルに発見された時計遺伝子群にも話は広がる。記念講演会は盛況のうちに終わり、人々の波はポスター発表へ、そしてその一部はダンス

閉会後の講堂（2017年）

パーティーへと移っていった。ワインやビールを片手に楽しく討論を続ける参加者たちだが、その中にフランソワの姿はない。日付が変わる頃、石井がふらふらとロッジに戻ると、案の定フランソワは静かに寝ていた。

翌朝、寝坊した石井が慌ただしく身支度をしていると、フランソワはすでにパソコンに向かっていた。部屋を出る直前、昨日の講演は最高だった、と短く声をかけると、また穏やかな笑顔を返してくれた。

朝食後、もっと詳しい話を聞こうと部屋に戻る。だが、ベッドは綺麗に整えられ、彼の姿はない。フランスでの仕事に戻るため、すでに会場を後にしていたのだった。

たゆみなく前へ

再び二〇一九年。ロスバッシュとヤングの特別講演は続いていた。時計遺伝子発見当時の回顧談が主かと思いきや、その話は最初の数枚のスライドのみ。あとは互いに、最新の研究データを次々と発表していく。過去の栄光で時を止めることなく次のステージに進み、今も概日リズムの研究で火花を散らし続ける二人。その姿に見入る聴衆の中には、二年前に記念講演を行ったあのフランソワ・ルイエの姿もあった。

この年、石井はポスター会場で声が嗄《か》れるまで議論にふけっていた。時折、二年前の口頭発表のことを覚えていてくれた参加者に声をかけられる。「あの研究、もう論文になった?」と問われるが、結果をまとめ上げて投稿するのはまだこれからで、イエスと返せない現状が悔しい。深夜まで煌々と灯りのついたポスター会場で、ワインを手に歩くロスバッシュを見かけるも、鋭い視線が怖くて声をかけられない。その後、発表会場の薄暗い出入り口でヤングに出くわし、「素晴らしい研究です」と伝えると、ありがとう、と笑顔が返ってきた。

この時もフランソワを見かけることは少なかったが、最終日に空港へ向かうリムジンバスの列で出会う。二年前の講演の話をようやく持ち出すことができたが、あちらは石井のことをあまり覚えていないだろう。皆が前へ進んでいく。石井もまた、長いポスドク生活から次へと向かうべく、大陸の反対側へ戻る飛行機に乗り込んだ。

おわりに

暗い夜空を見上げ、星を数える。最初に目に留まるのはわずか数個でも、間に広がる暗闇にじっと目を凝らすうち、かすかな輝きが少しずつ見えてくる。

「生物の遺伝子はいくつあるのか」と尋ねるのは「空に星はいくつあるのか」と問うのと同じようなものかもしれない。多くの人が関心を持ち、観測技術が向上するにつれ、見つかる星は増える。雲のように見えていたものが、実は無数の星々の集まりだったと判明する。一つだと思われていた星の周りに、いくつもの小さな衛星が見つかる。暗闇の中から浮かび上がる星々のように、この世界にはたくさんの遺伝子と、それを追いかける研究者たちの輝きが隠れている。遺伝子につけられた名前を通じて、私たちはその光の片鱗をとらえることができる。

研究者たちの等身大の姿

私たち著者夫婦が本書の着想を得たのは、米国西海岸のカリフォルニア州サンディエゴで生活していた二〇一六年のことだ。* 日本で博士号を取得後、ポスドク（石井）とフリーランス翻訳者（坪子）という、経済的に安定しているとは言い難い暮らしを異国で送っていた二人が焦りを感じ、「生物学にちなんだ雑貨を作って生活費の足しにできないか」と話し始めたのが発端だった。

当時の石井がキイロショウジョウバエを使った実験をしていたことから、まずはハエの変異体や遺伝子の名前にまつわるイラストを描いてみた。だが、それがいつしか生物種の垣根を越え、当初の雑貨作りの案からも飛躍して、二〇一七年秋に『遺伝子命名物語』という本の企画につながった。

「はじめに」にも記したように、本書の執筆準備では遺伝子名のスクリーニング（ふるい分け）をおこない、めぼしい候補については関連論文を読んで命名の由来を調べた。しかし、読めば読むほど「論文に書かれていない部分」が気になった。科学論文では客観性と論理性

＊石井は日本で一度目のポスドクをした後、二〇一五年春から二〇二〇年夏までの五年強、ソーク研究所（サンディエゴ郡ラホヤ市にある私立の非営利研究所）で二度目のポスドクを経験した。

が重要である一方、個人的な思いや感情は抑制されている。人々は何を思って遺伝子にこの名前をつけたのだろうか？　どのような経緯で命名に至ったのだろうか？　私たち二人もそれぞれ遺伝子の探索を経験してきたが、遺伝子に自ら名前をつける機会にはめったに恵まれない。[*] **遺伝子の発見・命名に関わった人々の等身大の姿**に触れてみたいと感じたことが、本書を現在の形へと成長させた。

当事者たちの生の言葉を集めるため、執筆の過程ではニュース記事、手記、音声・映像資料などに当たった。遺伝子命名の経緯には研究者やチームの個性が垣間見える。遺伝子のどのような性質に着目し、何を題材に名前をつけるのか。遺伝子の発見前から名前を決めていた例もあれば、すでに決めていた命名案が論文発表前に変わる場合もある。さらに、半数以上の「命名物語」については原著論文の第一著者となった方々へのインタビューもおこなった。[**] 面識のない方がほとんどだったにもかかわらず、学会の折や、ビデオ通話、電話、電子メールなどを通じて、発見の背景や名前への思いを快く語っていただいた。遺伝子の発見時には学生やポスドクなど若手の立場だった人々も多く、希望、不安、驚きなど、当時の率直な気持ちが言葉の端々から伝わってきた。

まだ名前のない遺伝子たち

遺伝子の探索は一種の宝探しだ。どの生物や現象に狙いを定めるか。どんな実験や解析でふるい分けをおこなうか。何を「当たり」とするか。研究の組み立て（デザイン）には研究者たちの個性が表れる。一方、プロジェクトが行き詰まって窮地に陥った際には、あえて違った視点に立つことも必要となる。仮説を見直す。試料やデータの見方を変える。誰かに相談してみる。定説を疑う。研究という営み自体への向き合い方も同様だ。

本書の著者二人のうち、坪子は博士号取得後に翻訳・教育業に取り組みながら研究助成金を取得するなど、本業ではない形で引き続き生物学研究に携わっている。また、石井はアカデミア（学究界）での基礎研究という枠組みこそ一貫しているものの、研究材料や分野を少しずつ変え、国内外の研究室を転々としながら歩んできた。本書に登場する人々の姿からも、

＊坪子は学生時代、メダカの行動パターンに遺伝要因が関わることを発見し、行動実験と交配を重ねて遺伝領域の絞り込みをおこなったが、残念ながら在学中に遺伝子の特定には至らなかった。また、石井は米国でハエの攻撃行動に関わる遺伝子のスクリーニングをおこなったが、大きな「当たり」となった遺伝子にはすでに「ナーヴィ（*nervy*）」（英：「神経質な」、米：「大胆な、癇に障る」）という名前がついていた。

＊＊第1章「1　マージャン」、「2　カクセイ」、第2章「2　ムサシ」、第3章「2　ムーンシャイナー」、第4章「1　オギ、メギ」、「3　炎シリーズ」、コラム⑤「アイガー山をめぐる命名物語」。

研究へのアプローチは決して一つではないことが伝わってくる。誰もが同じ研究をする必要はなく、*分野や活動の場を変えてもかまわない。追い詰められ、不本意ながら踏み出した一歩から道が開けることもある。

二〇世紀初頭、モーガンとスターテヴァントがキイロショウジョウバエの遺伝子地図を作り、染色体の各所に数十個の遺伝子が点在することを突き止めた。それから一世紀以上が経った現在の推定では、キイロショウジョウバエの遺伝子は一万三〇〇〇個以上、ヒトの遺伝子は約二万一〇〇〇個以上あるとされている。

既知の遺伝子が増えるにつれ、研究の重点は新規遺伝子を見つけることから、遺伝子どうしのつながりを見出すことへと移りつつある。既知の遺伝子を結ぶ解析から新たな発見が生まれる一方、研究者の中には未知の遺伝子や材料を扱うことを敬遠する傾向も出てきているようだ。研究に充てられる予算や時間が削減され、「すぐに役に立つ研究」が求められる現状において、未知の対象に手を出すことには確かに不安が伴う。しかし、暗闇に手を伸ばして掬い上げた発見の輝きは、たとえ小さくても人の心を躍らせ、さらなる事実を照らし出す。

生き物にはまだ名前のない遺伝子が数多ある。その中には将来、医療や農業などに活用されるもの、思いもよらない形で私たちに光をもたらすものもあることだろう。遺伝子そのものだけでなく、研究から生まれる技術や概念も然りだ。**未知の存在を追い求め、得られた発見を記して世に伝える科学の営みはこれからも続いていく。

人の数だけ「物語」がある

基礎研究に関わる人々のキャリアはしばしば流動的だ。時に衝突や別れもある。同じ研究グループに所属していた人々も、数年後には各地に散っているかもしれない。しかし、こうした中でのひとときの交わりが、その後の研究や各人の人生を大きく変えることがある。学

＊石井は博士号を取得後、恩師である関水和久、濱本洋らと共同研究を続け、細菌感染症に効果を示す新規抗生物質の発見に携わった。有効成分のスクリーニング過程で役立ったのが、カイコ（蚕）を使って治療効果を測定するという、当時の医薬学分野では珍しかった手法だ。その有用性を前面に出すべく、研究室では見つけた抗生物質を「カイコシン」と名づけたが、論文掲載前に命名を変えるよう査読者から指摘を受けた。抗生物質の命名は成分の化学構造か由来にちなんだものが多く、「カイコシン」ではカイコ由来の成分だと誤解されかねないという。最終的に決まった名前は、この抗生物質を生み出すライソバクター属（*Lysobacter*）細菌にちなんだ「ライソシン（lysocin）」。既存の抗生物質とはまったく異なる機構で多剤耐性菌にも作用し、マウスを用いた実験でも副作用なく敗血症への治療効果を示すことが確認された。

＊＊新型コロナウイルス感染症禍の中、分子遺伝学研究には必須の技術であるＰＣＲ（ポリメラーゼ連鎖反応）法や、本書にも登場するｍＲＮＡなど、研究室の中で長年使われてきた言葉が突如、日常のものとなった。これもまた、基礎研究が時を経て実社会に応用された一例である。

術誌に掲載された一本の論文、学会での一回の研究発表から研究者どうしのつながりが生まれる。遺伝子の名前もそのきっかけの一つだ。

遺伝子名を通じて、私たち著者も個性豊かな研究や人々に出会うことができた。一口に遺伝子の研究といってもその内容は多様で、私たち自身も毎回新鮮な気持ちで論文や解説資料を読み、専門家の方々にも助言をあおぎながら勉強を重ねた。インタビューにご協力くださった、田守洋一郎（京都大学）、木矢剛智（金沢大学）、高柳-木矢星歌（金沢大学、日本学術振興会特別研究員）、岡野栄之（慶應義塾大学）、中村真（松山大学）、ピーター・レフシン・アナスン（Peter Refsing Andersen、オーフス大学）、赤木剛士（岡山大学）、井垣達吏（京都大学）、本庄賢（国立長寿医療研究センター）の各博士に深くお礼を申し上げる（登場順、所属は二〇二一年八月現在）。不安定な立場で異国での暮らしを送る中、皆様の姿からは研究面でも、人生の面でも多くのことを学ばせていただいた。また、原稿や各部のエピソードについてコメントをくださった、藤田恭之、久保健雄、小幡史明、長谷川優子、木村聡、河岡慎平、今村亮俊、三浦正幸の各博士（協力箇所順）にも感謝申し上げる。もちろん、本書の内容に誤りや至らぬ点があればすべて著者二人の責任である。

執筆の過程では、他にも多くの方から刺激と励ましをいただいた。私たち二人が日米で出会った研究者仲間たちに加え、坪子は研究・翻訳・教育の各分野でお世話になってきた方々に、石井はソーク研究所の同僚・学生たち、育志賞受賞を通じて交流を深めてきた若手研究者の方々、今日までご指導いただいた恩師の方々、祖父と祖母をはじめとする家族に、それぞれ感謝を伝えたい。そしてもちろん、共著者でありパートナーである互いに対しても。結婚直後に渡米して以来ほとんど喧嘩をしたことのなかった私たちだが、本書の執筆を始めてからはそれが一変した。原稿の内容や表現について意見がぶつかり、議論が深夜に及ぶこともしばしばだった。* サンディエゴの海兵隊基地の近くにあるアパートの窓から、戦闘機の轟音が響く夜空を二人で見上げたことをよく覚えている。これほど長い道のりになるとは思わなかったが、二人でなければ決してこのような本を世に送り出すことはできなかった。

本書執筆中の二〇二〇年夏、石井が日本での職に採用され、私たちは急遽帰国することとなった。それからちょうど一年が経った現在、私たちは実験の事情により思いがけず再びサンディエゴを訪問している。不織布マスクと眼鏡を着けながらでも、見上げる空は爽やかだ。悩みながら濃密な五年半を過ごしたこの地で執筆を締めくくることに不思議な縁を感じてい

＊本書の企画時に「本の共著者どうしは喧嘩になりやすい」という話を耳にしたが、それが自分たちにも当てはまるとは思いもしなかった。刊行を迎えることができて二人とも安堵している。

る。

本書のように、比較的若い生物学研究者が（自分自身の研究ではなく）他者の研究について一般向けに書く本はまだ多くないかもしれない。本書では遺伝子の名前にちなんだ表現やたとえを通じて、研究の幅広さと奥深さを伝えることを目指した。未熟な点も少なからずあるかと思うが、本書が一般読者の方々、他の研究者の方々、そして未来の研究者を目指す方々にとって何らかの刺激となれば幸いである。

最後に、私たちの思いつきを新書の企画という形で拾い上げ、完成まで根気強く見守ってくださった中央公論新社の郡司典夫氏にお礼を申し上げる。

二〇二一年八月

米国カリフォルニア州サンディエゴにて

コラム⑦——時計遺伝子と波間のひととき

Pranhitha Reddy, William A. Zehring, David A. Wheeler, Vincent Pirrotta, Christopher Hadfield, Jefferey C. Hall, Michael Rosbash. **Molecular Analysis of the *period* Locus in *Drosophila melanogaster* and Identification of a Transcript Involved in Biological Rhythms**. *Cell.* 1984, 38(3): 701-710.

Michael Rosbash. **A-50 Year Personal Journey: Location, Gene Expression, and Circadian Rhythms**. *Cold Spring Harbor Perspectives in Biology*. 2017, 9(12): a032516.

Thaddeus A. Bargiello, F. Rob Jackson, Michael W. Young. **Restoration of Circadian Behavioral Rhythms by Gene Transfer in *Drosophila***. *Nature.* 1984, 312(5996): 752-754.

花井修次「生物時計研究の歴史」産業技術総合研究所　https://staff.aist.go.jp/s-hanai/history.html [accessed 2020-06-10].

岩崎秀雄「シアノバクテリアの時計研究の舞台裏」,『時間生物学』2004, 10(1): 3-11.

防衛生協会 生命科学の雑記帳.（2015-03-02）. https://www.primate.or.jp/forum/%E9%9B%86%E5%9B%A3%E9%81%BA%E4%BC%9D%E5%AD%A6%E3%80%80%E7%AC%AC%EF%BC%92%E5%9B%9E-%E3%83%92%E3%83%88%E3%81%AE%E9%9B%86%E5%9B%A3%E9%81%BA%E4%BC%9D%E5%AD%A6/ [accessed 2021-06-14].

コラム⑤――アイガー山をめぐる命名物語

遺伝子・因子名が発表された論文

Tatsushi Igaki, Hiroshi Kanda, Yuki Yamamoto-Goto, Hirotaka Kanuka, Erina Kuranaga, Toshiro Aigaki, Masayuki Miura. **Eiger, a TNF Superfamily Ligand That Triggers the *Drosophila* JNK Pathway.** *The EMBO Journal.* 2002, 21(12): 3009-3018.

Hiroshi Kanda, Tatsushi Igaki, Hirotaka Kanuka, Takeshi Yagi, Masayuki Miura. **Wengen, a Member of the *Drosophila* Tumor Necrosis Factor Receptor Superfamily, Is Required for Eiger Signaling.** *The Journal of Biological Chemistry.* 2002, 277(32): 28372-28375.

Ditte S. Andersen, Julien Colombani, Valentina Palmerini, Krittalak Chakrabandhu, Emilie Boone, Michael Röthlisberger, Janine Toggweiler, Konrad Basler, Marina Mapelli, Anne-Odile Hueber, Pierre Léopold. **The *Drosophila* TNF Receptor Grindelwald Couples Loss of Cell Polarity and Neoplastic Growth.** *Nature.* 2015, 522(7557): 482-486.

コラム⑥――キイロショウジョウバエのゲノムプロジェクト

Drosophila Genome Sequence Completed. *Howard Hughes Medical Institute News* (March 24, 2000).

Renato Dulbecco. **A Turning Point in Cancer Research: Sequencing the Human Genome.** *Science.* 1986, 231(4742): 1055-1056.

加藤和人「ゲノム研究の今を探る ――遺伝子からゲノムへ、プロジェクトからサイエンスへ」,『生命誌』（通巻21号）, JT生命誌研究館. 1998, 6(3).

Yushi Li, John Tower. **Adult-Specific Over-Expression of the *Drosophila* Genes *magu* and *hebe* Increase Life Span and Modulates Late-Age Female Fecundity.** *Molecular Genetics and Genomics.* 2009, 281: 147-162.

コラム④——ハエとヒト、生物種による遺伝子命名文化の違い

Elspeth A. Bruford, Bryony Braschi, Paul Denny, Tamsin E. M. Jones, Ruth L. Seal, Susan Tweedie. **Guidelines for Human Gene Nomenclature.** *Nature Genetics.* 2020, 52(8): 754-758.

豊倉浩一，深城英弘．**植物の進化発生研究における順遺伝学的解析.**『植物科学最前線』．2016, 7: 269-278.

西庄勇「遺伝子の診断と治療」，*BME: bio medical engineering.* 1998, 12(2): 3-14.

Anthony J.F. Griffiths, Jeffrey H. Miller, David T. Suzuki, Richard C. Lewontin, Willian M. Gelbart. **Introduction to Genetic Analysis**. W. H. Freeman and Company, 2020.

FlyBase Consortium. **FlyBase:Nomenclature.** *FlyBase Wiki.* (2021-06-08). https://wiki.flybase.org/wiki/FlyBase:Nomenclature [accessed 2021-06-14].

HUGO Gene Nomenclature Committee. **HGNC Guidelines.** *HUGO Gene Nomenclature Committee.* https://www.genenames.org/about/guidelines/ [accessed 2021-06-14].

International Committee on Standardized Genetic Nomenclature for Mice, Rat Genome and Nomenclature Committee. **Guidelines for Nomenclature of Genes, Genetic Markers, Alleles, and Mutations in Mouse and Rat.** *Mouse Genome Informatics Web Site.* (Revised: August 2018). http://www.informatics.jax.org/mgihome/nomen/gene.shtml [accessed 2021-06-13].

かずさDNA研究所，Cold Spring Harbor Laboratory「DNA入門：現代遺伝学を築いた75の実験をアニメーション化」(Cold Spring Harbor Laboratory "DNA from the Beginning"の日本語版)，かずさDNA研究所. https://www.kazusa.or.jp/dnaftb/ [accessed 2021-06-14].

杉江淳．シンプルなモデル生物、ハエを利用したヒトの疾患研究. 新潟大学脳研究所．(2020-05-18). https://www.bri.niigata-u.ac.jp/research/column/001335.html/ [accessed 2021-06-14].

山内一也．集団遺伝学: 第2回 ヒトの集団遺伝学．一般社団法人 予

Mitsuhiko Kurusu, Amy Cording, Misako Taniguchi, Kaushiki Menon, Emiko Suzuki, Kai Zinn. **A Screen of Cell-Surface Molecules Identifies Leucine-Rich Repeat Proteins as Key Mediators of Synaptic Target Selection in the *Drosophila* Neuromuscular System.** *Neuron.* 2008, 59(6): 972-985.

◎『ドン・キホーテ』――セルバンテス（*cervantes*）、キホーテ（*quijote*）、ロシナンテ（*rocinante*）、サンチョ（*sancho*）

Esther Betrán, Yongsheng Bai, Mansi Motiwale. **Fast Protein Evolution and Germ Line Expression of a *Drosophila* Parental Gene and Its Young Retroposed Paralog.** *Molecular Biology and Evolution.* 2006, 23(11): 2191-2202.

◎手引き役の少年――ラサリーリョ（*lazarillo*）、ラーサロ（*lazaro*）

Light Response. Young Kwon, Craig Montell. **Dependence on the Lazaro Phosphatidic Acid Phosphatase for the Maximum.** *Current Biology.* 2006, 16(7): 723-729.

María D. Ganfornina, Diego Sánchez, Michael J. Bastiani. **Lazarillo, a New GPI-Linked Surface Lipocalin, Is Restricted to a Subset of Neurons in the Grasshopper Embryo.** *Development.* 1995, 121(1): 123-134.

◎ウシでもあり、ヒトでもある――ブチェンタウロ（*bucentaur*）

Takahiro Nobukuni, Mariko Kobayashi, Akira Omori, Sachiyo Ichinose, Toshihiko Iwanaga, Ichiro Takahashi, Katsuyuki Hashimoto, Seisuke Hattori, Kozo Kaibuchi, Yoshihiko Miyata, Tohru Masui, Shintaro Iwashita. **An Alu-linked Repetitive Sequence Corresponding to 280 Amino Acids Is Expressed in a Novel Bovine Protein, but Not in Its Human Homologue.** *The Journal of Biological Chemistry.* 1997, 272(5): 2801-2807.

◎未確認生物――イエティ（*yeti*）

T. P. Wisniewski, C. L. Tanzi, J. G. Gindhart. **The *Drosophila* Kinesin-I Associated Protein YETI Binds Both Kinesin Subunits.** *Biology of the Cell.* 2003, 95(9): 595-602.

◎豊穣の精――ココペリ（*kokopelli*）

Mily Ron, Monica Alandete Saez, Leor Eshed Williams, Jennifer C. Fletcher, Sheila McCormick. *Genes & Development.* 2010, 24(10): 1010-1021. **Proper Regulation of a Sperm-Specific *cis*-nat-siRNA Is Essential for Double Fertilization in *Arabidopsis*.**

◎若き女神たち――マーグー（*magu*）、ヒービー（*hebe*）

コラムの参考文献

コラム③——創作・神話にちなんだ遺伝子名

◎不屈のボクサー『ロッキー』——バルボア（*balboa*）

Stephanie E. Mauthner, Richard Y. Hwang, Amanda H. Lewis, Qi Xiao, Asako Tsubouchi, Yu Wang, Ken Honjo, J. H. Pate Skene, Jörg Grandl, W. Daniel Tracey, Jr. **Balboa Binds to Pickpocket *in vivo* and Is Required for Mechanical Nociception in Drosophila Larvae.** 2014, *Current Biology* 24(24): 2920-2925.

◎『マトリックス』の登場人物たち——ニーヨ（*neyo*）、トリニティ（*trynity*）、モーフェイヤス（*morfeyus*）、ニオブ（*nyobe*）、サイファー（*cypher*）

Isabelle Fernandes, Hélène Chanut-Delalande, Pierre Ferrer, Yvan Latapie, Lucas Waltzer, Markus Affolter, François Payre, Serge Plaza. **Zona Pellucida Domain Proteins Remodel the Apical Compartment for Localized Cell Shape Changes.** *Developmental Cell.* 2010, 18(1): 64-76.

◎『墜落パイロット』——ブルッフピロート（*bruchpilot*）

Dhananjay A. Wagh, Tobias M. Rasse, Esther Asan, Alois Hofbauer, Isabell Schwenkert, Heike Dürrbeck, Sigrid Buchner, Marie-Christine Dabauvalle, Manuela Schmidt, Gang Qin, Carolin Wichman, Rovert Kittel, Stephan J. Sigrist, Erich Buchner. **Bruchpilot, a Protein with Homology to ELKS/CAST, Is Required for Structural Integrity and Function of Synaptic Active Zones in *Drosophila*.** *Neuron.* 2008, 49(6): 833-844.

◎飛べない鳥——トウィーティ（*tweety*）

Mary Prout, Zubin Damania, Julie Soong, Dianne Fristrom, James W. Fristrom. **Autosomal Mutations Affecting Adhesion Between Wing Surfaces in *Drosophila melanogaster*.** *Genetics.* 1997, 146(1): 275-285.

◎永遠の赤ちゃん——マギー（*maggie*）

Martina Vaskova, A. M. Bentley, Samantha Marshall, Pamela Reid, Carl S. Thummel, Andrew J. Andres. **Genetic Analysis of the *Drosophila* 63F Early Puff: Characterization of Mutations in E63-1 and *maggie*, a Putative Tom22.** *Genetics.* 2000, 156(1): 229-244.

◎さまようニョロニョロ——ハティファッター（*hattifattener*）

Role in Pain Sensation: Genes Identified as Affecting Nerve Sensitivity in Fruit Flies Could Represent Future Drug Targets in Human Pain Management. *ScienceDaily*. (2016-06-23). https://www.sciencedaily.com/releases/2016/06/160623122951.htm/ [accessed 2019-03-03].

おわりに

Hiroshi Hamamoto*, Makoto Urai*, Kenichi Ishii*, Jyunichiro Yasukawa, Atmika Paudel, Motoki Murai, Takuya Kaji, Takefumi Kuranaga, Kenji Hamase, Takashi Katsu, Jie Su, Tatsuo Adachi, Ryuji Uchida, Hiroshi Tomoda, Maki Yamada, Manabu Souma, Hiroki Kurihara, Masayuki Inoue, Kazuhisa Sekimizu (*equally contributed to the study). **Lysocin E Is a New Antibiotic That Targets Menaquinone in the Bacterial Membrane.** *Nature Chemical Biology*. 2015, 11(2): 127-133.

Kenichi Ishii, Matteo Cortese, Xubo Leng, Maxim N. Shokhirev, Kenta Asahina. **A Neurogenetic Mechanism of Experience-Dependent Suppression of Aggression.** *bioRxiv*. 2020, 2020.06.26.172890.

Satomi Tsuboko, Tetsuaki Kimura, Minori Shinya, Yuji Suehiro, Teruhiro Okuyama, Atsuko Shimada, Hiroyuki Takeda, Kiyoshi Naruse, Takeo Kubo, Hideaki Takeuchi. **Genetic Control of Startle Behavior in Medaka Fish.** *PLOS ONE*. 2014, 9(11): e112527.

Mechanical Nociception in *Drosophila* Larvae. *Current Biology.* 2014, 24(24): 2920-2925.

G. Milinkeviciute, C. Gentile, G. Gregory Neely. ***Drosophila* as a Tool for Studying the Conserved Genetics of Pain.** *Clinical Genetics.* 2012, 82(4): 359-366.

W. Daniel Tracey, Jr., Rachel I. Wilson, Gilles Laurent. Seymour Benzer. ***painless*, a *Drosophila* Gene Essential for Nociception.** *Cell.* 2003, 113(2): 261-273.

Sheila With, Tiffany Rice, Claudia Salinas, Vanessa Auld. **Fire Exit Is a Potential Four Transmembrane Protein Expressed in Developing *Drosophila* Glia.** *Genesis.* 2003, 35(3): 143-152.

Society for Neuroscience. **Neuroscience Quarterly (Fall 2004).** *Society for Neuroscience.* 2004.

松野健治「個々の細胞の形の左右の歪みが合さって臓器の形を左右非対称に変える」,『科研費NEWS』2012 vol.2. 2012: 14.

筑波大学「痛覚過敏の新しい分子メカニズムを発見——ショウジョウバエの研究から——」, 筑波大学プレスリリース (2018-07-09).

Karl Bates. **Pain-Sensing Gene Named for Rocky.** *Duke Research Blog.* (2014-12-16). https://researchblog.duke.edu/2014/12/16/pain-sensing-gene-named-for-rocky/ [accessed 2019-03-03].

Megan Talkington. **Getting to the Bottom of Some Strange Behavior: A Conversation with *Drosophila* Biologist W. Daniel Tracey.** *Pain Research Forum.* (2011-04-07). https://www.painresearchforum.org/news/5308-getting-bottom-some-strange-behavior/ [accessed 2019-03-03].

Cell Press. **Flies' Evasive Move Traced to Sensory Neurons.** *EurekAlert! Science News.* (2007-11-29). https://www.eurekalert.org/pub_releases/2007-11/cp-fem112107.php/ [accessed 2019-03-09].

Elysium Health. **The Tiny Fruit Fly Is a Giant of Scientific Research.** *Endpoints.* (2018-10-17). https://endpoints.elysiumhealth.com/model-organisms-drosophila-melanogaster-fruit-fly-928de0046a9c?gi=2a385d47e794/ [accessed 2019-03-03, not available as of 2021-06-15].

Gill Center for Biomolecular Science. **Dan Tracey: Faculty Profiles.** *Gill Center for Biomolecular Science.* https://gillcenter.indiana.edu/profiles/faculty-profiles/tracey.html/ [accessed 2019-03-08].

Indiana University. **'Smoke Alarm' One of 36 Genes Newly Found to Play**

malian TRPA1/ANKTM1. *Current Biology.* 2006, 16(10): 1034-1040.

Seymour Benzer. (Interview by Heidi Aspaturian). **Interview with Seymour Benzer by Heidi Aspaturian. Pasadena, California. September 11, 1990 — February 1991.** *California Institute of Technology Oral History Project. Caltech Archives.* 2002. https://resolver.caltech.edu/CaltechOH:OH_Benzer_S [accessed 2019-03-04].

Rolf Bodmer. **The Gene tinman Is Required for Specification of the Heart and Visceral Muscles in *Drosophila*.** *Development.* 1993, 118(3): 719-729.

Rolf Bodmer, Lily Y. Jan, Yuh Nung Jan. **A New Homeobox-Containing Gene, *msh-2*, Is Transiently Expressed Early During Mesoderm Formation of *Drosophila*.** *Development.* 1990, 110(3): 661-669.

Yadin Dudai, Yuh-Nung Jan, Duncan Byers, William G. Quinn, Seymour Benzer. ***dunce*, a Mutant of *Drosophila Deficient in Learning*.** *Proceedings of the National Academy of Sciences of the United States of America.* 1976, 73(5): 1684-1688.

Daniel F. Eberl, Toshi Kitamoto, Brett Berke, Kate O'Connor-Giles, Atsushi Ueda, Jihye Lee, Hongyu Ruan, Jeff E. Engel, Barry Ganetzky. **Meeting Report — Genes, Neurons, Circuits, and Behaviors: Highlights of Cold Spring Harbor Meeting on *Drosophila* Neurobiology, October 3-7, 2007.** *Journal of Neurogenetics.* 2008, 22(1): 3-13.

Michael D. Gordon, Andrea Manzo, Kristin Scott. **Fly Neurobiology: Development and Function of the Brain. Meeting on the Neurobiology of *Drosophila*.** *EMBO reports.* 2008, 9(3): 239-242.

Ken Honjo, Katsuo Furukubo-Tokunaga. **Distinctive Neuronal Networks and Biochemical Pathways for Appetitive and Aversive Memory in *Drosophila* Larvae.** *The Journal of Neuroscience.* 2009, 29(3): 852-862.

Ken Honjo, W. Daniel Tracey, Jr. **BMP Signaling Downstream of the Highwire E3 Ligase Sensitizes Nociceptors.** *PLOS Genetics.* 2018, 14(7): e1007464.

Katherine H. Jones, Jingchun Liu, P. N. Adler. **Molecular Analysis of EMS-Induced *frizzled* Mutations in *Drosophila melanogaster*.** *Genetics.* 1996, 142(1): 205-215.

Stephanie E. Mauthner, Richard Y. Hwang, Amanda H. Lewis, Qi Xiao, Asako Tsubouchi, Yu Wang, Ken Honjo, J. H. Pate Skene, Jörg Grandl, W. Daniel Tracey, Jr. **Balboa Binds to Pickpocket *in vivo* and Is Required for**

Daniel P. Todes. **Ivan Pavlov: A Russian Life in Science.** Oxford University Press. 2014.

Cold Spring Harbor Laboratory, Tim Tully. **Cold Spring Harbor Laboratory Oral History Collection: Tim Tully.** *Cold Spring Harbor Laboratory Oral History Collection.* (2003-08-03). https://library.cshl.edu/oralhistory/speaker/tim-tully/ [accessed 2020-06-26].

Unknown Ivan Pavlov. **The Museum-Apartment**. *Unknown Ivan Pavlov.* 2015. https://www.unknownpavlov.com/the-museum-appartment/ [accessed 2021-02-21].

James D. Watson. **Letter from James D. Watson to Tim Tully.** *CSHL Archive Repository*. (January 11, 1990). Reference: JDW/2/2/2121/26. http://libgallery.cshl.edu/items/show/80139/ [accessed 2021-05-30].

3　炎シリーズ――情熱の火が照らし出した「痛み」の遺伝子群

遺伝子名　*gasoline, jet fuel, black match, detonator, primacord, firelighter, jetboil, eucalyptus, smoke alarm, bunker gear, boilerman, fire dancer, thawb, space blanket, trivet, oven mitt*

論文発表年　2016年

研究に使われた生物　キイロショウジョウバエ

どんな遺伝子か　痛みや熱さへの敏感さに関わる

命名の由来　壊れると熱に鈍感になる遺伝子には、火や熱に耐えるもの・人の名前を、壊れると熱に敏感になる遺伝子には、燃えやすいもの、火や熱に敏感なものの名前をつけた。

研究のキーワード　熱痛覚

遺伝子名が発表された論文

Ken Honjo, Stephanie E. Mauthner, Yu Wang, J. H. Pate Skene, W. Daniel Tracey, Jr. **Nociceptor-Enriched Genes Required for Normal Thermal Nociception.** *Cell Reports.* 2016, 16(2): 295-303.

参考文献

Bader Al-Anzi, W. Daniel Tracey, Jr., Seymour Benzer. **Response of *Drosophila* to Wasabi Is Mediated by *painless*, the Fly Homolog of Mam-**

論文発表年　2003年
研究に使われた生物　キイロショウジョウバエ
どんな遺伝子か　長期記憶に関わる遺伝子
命名の由来　ロシアの生理学者、イワン・ペトローヴィチ・パヴロフが実験に使った犬たちの名前にちなんで
研究のキーワード　記憶

遺伝子名が発表された論文

Josh Dubnau, Ann-Shyn Chiang, Lori Grady, Jody Barditch, Scott Gossweiler, John McNeil, Patrick Smith, Francois Buldoc, Rod Scott, Uli Certa, Clemens Broger, Tim Tully. **The *staufen/pumilio* Pathway Is Involved in *Drosophila* Long-Term Memory.** *Current Biology.* 2003, 13(4): 286-296.

参考文献

Ekaterina Y. Basargina, Lyudmila I. Gromova. **Ivan P. Pavlov's Special Diploma and a Photo Album of His Four-Legged "Friends".** ПРИРОДА (*PRIRODA*) *2.* 1998.

Susan Boynton, Tim Tully. ***latheo,* a New Gene Involved in Associative Learning and Memory in *Drosophila melanogaster,* Identified from *P* Element Mutagenesis.** *Genetics.* 1992, 131(3): 655-672.

Ann-Shyn Chiang. **Q & A: Ann-Shyn Chiang.** *Current Biology.* 2011, 21(23): R938-R939.

James DeZazzo, David Sandstrom, Steve de Belle, Klara Velinzon, Patrick Smith, Lory Grady, Maria DelVecchio, Mani Ramaswami, Tim Tully. ***nalyot*, a Mutation of the *Drosophila* Myb-Related *Adf1* Transcription Factor, Disrupts Synapse Formation and Olfactory Memory.** *Neuron.* 2000, 27(1): 145-158.

Tim Tully. **Pavlov's dogs.** *Current Biology*. 2003, 13(4): R117-R119.

The Pavlov Institute of Physiology of the Russian Academy of Sciences. **Academician Ivan P. Pavlov's Museum-Apartment.** *The Pavlov Institute of Physiology of the Russian Academy of Sciences.* 2004.

ダニエル・P・トーデス『パヴロフ――脳と行動を解き明かす鍵』（訳：近藤隆文），大月書店，2008.

Thomas H. Maugh II. **Playing the Name Game.** *Los Angeles Times*. (August 5, 2002).

Céline Caseys. **Shy Girl Gives Kiwifruit Male Flowers.** *The Plant Cell.* 2018, 30(4): 739-740.
Isabelle M. Henry, Takashi Akagi, Ryutaro Tao, Luca Comai. **One Hundred Ways to Invent the Sexes: Theoretical and Observed Paths to Dioecy in Plants.** *Annual Review of Plant Biology.* 2018, 69: 553-575.
John R. Pannell. **Plant Sex Determination.** *Current Biology.* 2017, 27(5): R191-R197.
赤木剛士「柿の性決定機構から考える種子植物の性」,『植物の生長調節』2017, 52(1): 31-38.
赤木剛士「種子植物における性決定の多様性：植物の「性別」のしくみを解き明かす――柿における発見より――」,『化学と生物』2016, 55(1): 35-41.
松永幸大「高等植物の性決定機構」,『蛋白質 核酸 酵素』2000, 45(10): 1704-1712.
京都大学「植物で初、雌雄異株性の性決定遺伝子を柿において発見」, 京都大学プレスリリース (2014-10-31).
京都大学「柿の「揺らぐ性別」の仕組みを解明――エピジェネティックな記憶がつくる植物の柔軟性――」, 京都大学プレスリリース (2017-01-13).
京都大学「キウイフルーツの性別決定遺伝子を発見――植物が「性別」を獲得した進化過程の解明へ――」, 京都大学プレスリリース (2018-04-11).
University of California — Davis. **Science Casts Light on Sex in the Orchard.** *EurekAlert! Science News.* (2014-10-30). https://www.eurekalert.org/pub_releases/2014-10/uoc--scl102714.php/ [accessed 2019-03-09].
CSIRO. **The Team — UC Davis.** *Capturing Heterosis.* https://research.csiro.au/capturingheterosis/home/luca-comai/ [accessed 2019-03-04].
赤木剛士「**キウイフルーツから探る「植物の性別」の進化**」, *academist Journal.* (2018-05-09). https://academist-cf.com/journal/?p=7455/ [accessed 2019-03-04].

2　パヴロフの犬シリーズ――手探りと俯瞰から開けた道

遺伝子名　*moladietz, barbos, milkah, rogdi* など

研究のキーワード　性決定

遺伝子名が発表された論文

◎オギ、メギ

Takashi Akagi, Isabelle M. Henry, Ryutaro Tao, Luca Comai. **A Y-chromosome-encoded small RNA acts as a sex determinant in persimmons.** *Science.* 2014, 346(6209): 646-650.

◎シャイ・ガール

Takashi Akagi, Isabelle M. Henry, Haruka Ohtani, Takuya Morimoto, Kenji Beppu, Ikuo Kataoka, Ryutaro Tao. **A Y-Encoded Suppressor of Feminization Arose via Lineage-Specific Duplication of a Cytokinin Response Regulator in Kiwifruit.** *The Plant Cell.* 2018, 30(4): 780-795.

◎フレンドリー・ボーイ

Takashi Akagi, Sarah M. Pilkington, Erika Varkonyi-Gasic, Isabelle M. Henry, Shigeo S. Sugano, Minori Sonoda, Alana Firl, Mark A. McNeilage, Mikaela J. Douglas, Tianchi Wang, Ria Rebstock, Charlotte Voogd, Paul Datson, Andrew C. Allan, Kenji Beppu, Ikuo Kataoka, Ryutaro Tao. **Two Y-chromosome-encoded genes determine sex in kiwifruit.** *Nature Plants.* 2019, 5(8): 801-809.

参考文献

Takashi Akagi, Yumi Takeda, Keizo Yonemori, Ayako Ikegami, Atsushi Kono, Masahiko Yamada, Shinya Kanzaki. **Quantitative Genotyping for the Astringency Locus in Hexaploid Persimmon Cultivars using Quantitative Real-Time PCR.** *Journal of American Society for Horticultural Science.* 2010, 135(1): 59-66.

Takashi Akagi, Kei Kajita, Takanori Kibe, Haruka Morimura, Tomoyuki Tsujimoto, Soichiro Nishiyama, Takashi Kawai, Hisayo Yamane, Ryutaro Tao. **Development of Molecular Markers Associated with Sexuality in *Diospyros lotus* L. and Their Application in *D. kaki* Thunb.** *Journal of the Japanese Society for Horticultural Science.* 2014, 83(3): 214-221.

Takashi Akagi, Isabelle M. Henry, Haruka Ohtani, Takuya Morimoto, Kenji Beppu, Ikuo Kataoka, Ryutaro Tao. **A Y-Encoded Suppressor of Feminization Arose via Lineage-Specific Duplication of a Cytokinin Response Regulator in Kiwifruit.** *The Plant Cell.* 2018, 30(4): 780-795.

C. elegans. *Genes & Development*. 2019, 33: 90-102.
Phillip D. Zamore. **Rhino Gives Voice to Silent Chromatin.** *Nature*. 2017, 549(7670): 38-39.
泉奈津子，泊幸秀「piRNAの生成機構および作用機序」，『領域融合レビュー』2018, 7: e003.
河岡慎平，嶋田透，勝間進「カイコ生殖巣に存在するsmall RNAの特性と機能」，『蚕糸・昆虫バイオテック』2008, 77(3): 219-225.
中山潤一「ヘテロクロマチン——構造形成と維持の分子メカニズム」，『医学のあゆみ』2004, 208(10): 811-816.
John Schlimm. **Moonshine: A Celebration of America's Original Rebel Spirit.** Citadel Press, 2018.
Institute of Molecular Biotechnology. **How Cells Hack Their Own Genes.** *ScienceDaily* (2017-08-23). 2017.
The Mob Museum. **Bootleggers and Bathtub Gin.** *Prohibition: An Interactive History.* https://prohibition.themobmuseum.org/the-history/the-prohibition-underworld/bootleggers-and-bathtub-gin/ [accessed 2020-03-23].

第4章　シリーズ

1　オギ（雄木）、メギ（雌木）——出会いが生んだ世紀の発見

遺伝子名　*OGI*, *MeGI*, *Shy Girl*（略称：*SyGl*）, *Friendly Boy*（略称：*FrBy*）
論文発表年　オギ、メギ 2014年、シャイ・ガール 2018年、フレンドリー・ボーイ 2019年
研究に使われた生物　カキ、キウイフルーツ、シロイヌナズナ、タバコ
どんな遺伝子か　植物の性別を決める
命名の由来　オギ、メギ：「雄木」、「雌木」という日本語から。「*OGI*」は「*MeGI*を抑圧するもの」、「*MeGI*」は「オスの成長を抑制するもの」を表す英語を略した名前になっている
シャイ・ガール：この遺伝子が発現すると、めしべが小さくなって花の中に隠れてしまうことから
フレンドリー・ボーイ：「シャイ・ガール」と対になる遺伝子であることから

がおこなわれている時に活発な動きを示すことから

研究のキーワード　piRNA、トランスポゾン

遺伝子名が発表された論文

Peter Refsing Andersen, Laszlo Tirian, Milica Vunjak, Julius Brennecke. **A heterochromatin-dependent transcription machinery drives piRNA expression.** *Nature*. 2017, 549(7670): 54-59.

参考文献

Darren J. Burgess. **Probing a piRNA Paradox.** *Nature Reviews Genetics*. 2017, 18(11): 639.

Yung-Chia Ariel Chen, Evelyn Stuwe, Yicheng Luo, Maria Ninova, Adrien Le Thomas, Ekaterina Rozhavskaya, Sisi Li, Sivani Vempati, John D. Laver, Dinshaw J. Patel, Craig A. Smibert, Howard D. Lipshitz, Katalin Fejes Toth, Alexei A. Aravin. **Cutoff Suppresses RNA Polymerase II Termination to Ensure Expression of piRNA Precursors.** *Molecular Cell*. 2016, 63(1): 97-109.

Benjamin Czech, Jonathan B. Preall, Jon McGinn, Gregory J. Hannon. **A Transcriptome-Wide RNAi Screen in the *Drosophila* Ovary Reveals Novel Factors of the Germline piRNA Pathway.** *Molecular Cell*. 2013, 50(5): 749-761.

Heidi Ledford. **Five Big Mysteries about CRISPR's Origins.** *Nature*. 2017, 541(7637): 280-282.

A. H. Sturtevant. **The Linear Arrangement of Six Sex-Linked Factors in *Drosophila*, as Shown by Their Mode of Association.** *Journal of Experimental Zoology*. 1913, 14: 43-59.

Kristina Wehr, Andrew Swan, Trudi Schüpbach. **Deadlock, a Novel Protein of *Drosophila*, Is Required for Germline Maintenance, Fusome Morphogenesis and Axial Patterning in Oogenesis and Associates with Centrosomes in the Early Embryo.** *Developmental Biology*. 2006, 294(2): 406-417.

Chenchun Weng, Joanna Kosalka, Ahmet C. Berkyurek, Przemyslaw Stempor, Xuezhu Feng, Hui Mao, Chenming Zeng, Wen-Jun Li, Yong-Hong Yan, Meng-Qiu Dong, Natalia Rosalía Morero, Cecilia Zuliani, Orsolya Barabas, Julie Ahringer, Shouhong Guang, Eric A. Miska. **The USTC Co-opts an Ancient Machinery to Drive piRNA Transcription in**

1999, 126(11): 2365-2375.

Blanka Rogina. **INDY — A New Link to Metabolic Regulation in Animals and Humans.** *Frontiers in Genetics.* 2017, 8: 66.

Blanka Rogina, Stephan Helfand. ***Indy* Mutations and *Drosophila* Longevity.** *Frontiers in Genetics.* 2013, 4: 47.

Royal Society of Biology. **Life Goes on: Linda Partridge.** *The Biologist.* 2019, 61(1): 28-31.

Janne M. Toivonen, Glenda A. Walker, Pedro Martinez-Diaz, Ivana Bjedov, Yasmine Driege, Howard T. Jacobs, David Gems, Linda Partridge. **No Influence of *Indy* on Lifespan in *Drosophila* after Correction for Genetic and Cytoplasmic Background Effects.** *PLoS Genetics.* 2007, 3(6): e95.

J. Travis. **Mutated Genes Doubles Fruit Fly's Life Span.** *Science News.* 2000, 158(25): 391.

Pei-Yu Wang, Nicola Neretti, Rachel Whitaker, Suzanne Hsier, Chengyi Chang, Daniel Lu, Blanka Rogina, Stephen L. Helfand. **Long-Lived Indy and Calorie Restriction Interact to Extend Life Span.** *Proceedings of the National Academy of Sciences of the United States of America.* 2009, 106(23): 9262-9267.

David S. Goodsell, Protein Data Bank Japan.（訳：工藤高裕）. **154: クエン酸回路 (Citric Acid Cycle).** *Protein Data Bank Japan.* 2012. https://pdbj.org/mom/154/ [accessed 2019-05-20].

Paul Recer. **A Fly's Life.** *CBS News.* (2000-12-15). https://www.cbsnews.com/news/a-flys-life/ [accessed 2018-11-19].

2　ムーンシャイナー（密かに蒸留酒を作る人）
――月明かりが照らすゲノムの森の秘密

遺伝子名　*moonshiner*（略称：*moon*）
論文発表年　2017年
研究に使われた生物　キイロショウジョウバエ
どんな遺伝子か　ウイルス由来の遺伝子の断片「トランスポゾン」のはたらきを抑えるpiRNAの合成に関わる
命名の由来　この遺伝子を元に作られるタンパク質は、ヘテロクロマチンによる遺伝子の転写抑制（prohibition：「禁酒法」とも重なる）

第3章　ひとひねり

1　アイム・ノット・デッド・イェット（私はまだ死んでいない）
——遺伝子を壊して不老長寿に？

遺伝子名　*I'm not dead yet*（略称：*Indy*）
論文発表年　2000年
研究に使われた生物　キイロショウジョウバエ
どんな遺伝子か　生物が糖や脂肪を分解してエネルギーを得るための化学反応（エネルギー代謝）に関わる
命名の由来　この遺伝子に変異が起きると、ハエの寿命が延びることにちなんで。コメディ映画「モンティ・パイソン・アンド・ホーリー・グレイル」に登場する、生きたまま死体として捨てられそうになる老人のセリフから
研究のキーワード　老化、エネルギー代謝

遺伝子名が発表された論文

Blanka Rogina, Robert A. Reenan, Steven P. Nilsen, Stephen L. Helfand. **Extended Life-Span Conferred by Cotransporter Gene Mutations in *Drosophila*.** *Science.* 2000, 290(5499): 2137-2140.

参考文献

Jane Alfred. **The Fly That Won't Die.** *Nature Reviews Genetics.* 2001, 2(2):83.

Yangzom D. Bhutia, Jonathan J. Kopel, John J. Lawrence, Volker Neugebauer, Vadivel Ganapathy. **Plasma Membrane Na$^+$-Coupled Citrate Transporter (SLC13A5) and Neonatal Epileptic Encephalopathy.** *Molecules.* 2017, 22(3): 378.

Susan Boynton, Tim Tully. ***latheo*, a New Gene Involved in Associative Learning and Memory in *Drosophila melanogaster*, Identified from *P* Element Mutagenesis.** *Genetics.* 1992, 131(3): 655-672.

Stewart Frankel, Blanka Rogina. ***Indy* Mutants: Live Long and Prosper.** *Frontiers in Genetics.* 2012, 3(13): 1-4.

Mireille Galloni, Bruce A. Edgar. **Cell-Autonomous and Non-Autonomous Growth-Defective Mutants of *Drosophila melanogaster*.** *Development.*

Paul N. Adler, Job Taylor, Jeannette Charlton. **The Domineering Non-Autonomy of *frizzled* and *Van Gogh* Clones in the *Drosophila* Wing Is a Consequence of a Disruption in Local Signaling.** *Mechanisms of Development.* 2000, 96(2):197-207.

Paul N. Adler. **Planar Signaling and Morphogenesis in *Drosophila*.** *Developmental Cell.* 2002, 2(5): 525-535.

Jeiwook Chae, Maeng-Jo Kim, Jae Hwan Goo, Simon Collier, David Gubb, Jeannette Charlton, Paul N. Adler, Woo Jin Park. **The *Drosophila* Tissue Polarity Gene *starry night* Encodes a Member of the Protocadherin Family.** *Development.* 1999, 126(23): 5421-5429.

D. Gubb, A. García-Bellido. **A Genetic Analysis of the Determination of Cuticular Polarity during Development in *Drosophila melanogaster*.** *Journal of Embryology and Experimental Morphology.* 1982, 68: 37-57.

Tadao Usui, Yasuyuki Shima, Yuko Shimada, Shinji Hirano, Robert W. Burgess, Thomas L. Schwarz, Masatoshi Takeichi, Tadashi Uemura. **Flamingo, a Seven-Pass Transmembrane Cadherin, Regulates Planar Cell Polarity under the Control of Frizzled.** *Cell.* 1999, 98(5): 585-595.

Charles R. Vinson, Paul N. Adler. **Directional Non-Cell Autonomy and the Transmission of Polarity Information by the *frizzled* Gene of *Drosophila*.** *Nature.* 1987, 329(6139): 549-551.

Paul N. Adler, Jeremy Nathans. **The Cellular Compass.** *Scientific American.* 2016, 314(3): 67-71.

浅羽宏「「ネコの毛色」の教材化と実践：ネコの毛色の形質、遺伝、実地調査の15年間の実践報告」,『研究紀要』東京学芸大学附属高等学校, 2012, 49:23-30.

P・N・アドラー, J・ネイサンズ「動物の発生で働く細胞のコンパス――平面内細胞極性」(訳：日経サイエンス編集部, 監修：新田昌輝, 上村匡),『日経サイエンス』2016, (2016年6月号):48-53.

Kröller-Müller Museum.「初期のファン・ゴッホ」クレラー・ミュラー美術館. (2016-09-24/2017-04-09) https://krollermuller.nl/jp/the-early-van-gogh/ [accessed 2019-01-24].

Van Gogh Museum Amsterdam. **Biography, 1888-1889: South of France.** *Van Gogh Museum.* https://www.vangoghmuseum.nl/en/art-and-stories/vincents-life-1853-1890/south-of-france/ [accessed 2019-01-24].

Biwen Mo, Hideyuki Okano, Luiz O. F. Penalva, Robert I. Glazer. **Musashi1 as a Potential Therapeutic Target and Diagnostic Marker for Lung Cancer.** *Oncotarget.* 2013, 4(5): 739-750.
山口武，柳尾叔孝「環境制御型走査電子顕微鏡（ESEM）」，『真空』 1990, 33(12): 940-944.
吉川英治『宮本武蔵』（吉川英治歴史時代文庫），1-8巻，講談社，1989/1990.

3　ヴァン・ゴウ（ファン・ゴッホ）──うねる筆致と研究者の苦悩

遺伝子名　*van gogh*（略称：*vang*）
論文発表年　1998年
研究に使われた生物　キイロショウジョウバエ
どんな遺伝子か　体の細胞や組織の方向性（極性）を決める
命名の由来　オランダ出身の画家、フィンセント・ファン・ゴッホにちなんで。この遺伝子が壊れたキイロショウジョウバエは、翅の表面の毛並みが渦を巻き、ファン・ゴッホの晩年の筆使いのように見えることから
研究のキーワード　平面内極性

遺伝子名が発表された論文
◎「ヴァン・ゴウ」として
Job Taylor, Natasha Abramova, Jeannette Charlton, Paul N. Adler. ***Van Gogh*: A New Drosophila Tissue Polarity Gene.** *Genetics.* 1998, 150(1): 199-210.
◎「ストラビスマス」として
Tanya Wolff, Gerald M. Rubin. ***strabismus*, a novel gene that regulates tissue polarity and cell fate decisions in *Drosophila*.** *Development.* 1998, 125(6): 1149-1159.

参考文献
Paul N. Adler. **The Genetic Control of Tissue Polarity in *Drosophila*.** *BioEssays.* 1992, 14(11): 735-741.
Paul N. Adler, Jingchun Liu, Jeannette Charlton. **Cell Size and the Morphogenesis of Wing Hairs in *Drosophila*.** *Genesis.* 2000, 28(2): 82-91.

Hideyuki Okano, Christopher S. Pottem. **A Putative Human Breast Stem Cell Population Is Enriched for Steroid Receptor-Positive Cells.** *Developmental Biology*. 2005, 277(2): 443-456.

Ernst Hafen, Atsushi Kuroiwa, Walter J. Gehring. **Spatial Distribution of Transcripts from the Segmentation Gene *fushi tarazu* during *Drosophila* Embryonic Development.** *Cell*. 1984, 37(3): 833-841.

Takahiro Ito, Hyog Young Kwon, Bryan Zimdahl, Kendra L. Congdon, Jordan Blum, William E. Lento, Chen Zhao, Anand Lagoo, Gareth Gerrard, Letizia Foroni, John Goldman, Harriet Goh, Soo-Hyun Kim, Dong-Wook Kim, Charles Chuah, Vivian G. Oehler, Jerald P. Radich, Craig T. Jordan, Tannishtha Reya. **Regulation of Myeloid Leukaemia by the Cell-Fate Determinant Musashi.** *Nature*. 2010, 466(7307): 765-768.

Thomas C. Kaufman, Ricki Lewis, Barbara Wakimoto. **Cytogenetic Analysis of Chromosome 3 in *Drosophila melanogaster*: The Homoeotic Gene Complex in Polytene Chromosome Interval 84A-B.** *Genetics*. 1980, 94: 115-133.

Kathryn A. Kellerman, Diane M. Mattson, Ian Duncan. **Mutations Affecting the Stability of the *fushi tarazu* Protein of *Drosophila*.** *Genes & Development*. 1990, 4(11): 1936-1950.

Christopher S. Potten, Catherine Booth, Gregory L. Tudor, Dawn Booth, Gerard Brady, Patricia Hurley, Gary Ashton, Robert Clarke, Shin-ichi Sakakibara, Hideyuki Okano. **Identification of a Putative Intestinal Stem Cell and Early Lineage Marker; *musashi-1*.** *Differentiation*. 2003, 71(1): 28-41.

David W. Pincus, H. Michael Keyoung, Catherine Harrison-Restelli, Robert R. Goodman, Richard A. R. Fraser, Mark Edgar, Shin-ichi Sakakibara, Hideyuki Okano, Maiken Nedergaard, Steven A. Goldman. **Fibroblast Growth Factor-2/Brain-Derived Neurotrophic Factor-Associated Maturation of New Neurons Generated from Adult Human Subependymal Cells.** *Annals of Neurology*. 1998, 43(5): 576-585.

Stefan Rentas, Nicholas T. Holzapfel, Muluken S. Belew, Gabriel A. Pratt, Veronique Voisin, Brian T. Wilhelm, Gary D. Bader, Gene W. Yeo, Kristin J. Hope. **Musashi-2 Attenuates AHR Signalling to Expand Human Haematopoietic Stem Cells.** *Nature*. 2016, 532(7600): 508-511.

Xiao-Yang Wang, Huina Yu, R. Ilona Linnoila, Laodong Li, Dangyu Li,

Infection Response Is Altered by Gravity and Spaceflight in *Drosophila*. *PLoS ONE.* 2014, 9(1): e86485.

Space Life and Physical Sciences Research and Applications Division, National Aeronautics and Space Administration. **Space Flies Model How Gravity Affects the Human Immune System.** *Space Life Sciences Research Highlights.* (October 2015).

Karen Nikos-Rose. **Fruit Flies Raised in Space by UC Davis Researcher Show Weakened Immunity.** *UC Davis News.* (2018-12-14) https://biology.ucdavis.edu/news/fruit-flies-raised-space-uc-davis-researcher-show-weakened-immunity/ [accessed 2019-07-12].

2　ムサシ（宮本武蔵）――「二刀流遺伝子」を見出した二人

遺伝子名　*musashi*（略称：*msi*）

論文発表年　1994年

研究に使われた生物　キイロショウジョウバエ

どんな遺伝子か　分裂によって生まれる二つの細胞に異なる形と役割を与える

命名の由来　二刀流の剣士、宮本武蔵にちなんで。この遺伝子に異常が起きたハエでは、通常、一つの毛穴から一本ずつ生える毛が、二本ずつ生えるようになることから

研究のキーワード　細胞分化

遺伝子名が発表された論文

Makoto Nakamura*, Hideyuki Okano*, Julie A. Blendy, Craig Montell (*equally contributed to the study). **Musashi, a neural RNA-binding protein required for drosophila adult external sensory organ development.** *Neuron*. 1994, 13 (1): 67-81.

参考文献

Sean B. Carroll, Matthew P. Scott. **Zygotically Active Genes that Affect the Spatial Expression of the *fushi tarazu* Segmentation Gene during Early *Drosophila* Embryogenesis.** *Cell.* 1986, 45(1): 113-126.

Robert B. Clarke, Katherine Spence, Elizabeth Anderson, Anthony Howell,

J. Douglas Armstrong, Michael J. Texada, Ravi Munjaal, Dean A. Baker, Kathleen M. Beckingham. **Gravitaxis in *Drosophila melanogaster:* A Forward Genetic Screen.** *Genes, Brain and Behavior.* 2006, 5(3): 222-239.

参考文献

Kathleen M. Beckingham, J. Douglas Armstrong, Michael J. Taxada, Ravi Munjaal, Dean A. Baker. ***Drosophila melanogaster* – The Model Organisms of Choice for the Complex Biology of Multi-Cellular Organisms.** *Gravitational and Space Biology*. 2005, 18(2): 17-29.

Kathleen M. Beckingham. **Synergy between Stresses: An Interaction between Spaceflight-Associated Conditions and the Microgravity Response.** *Molecular Ecology.* 2010, 19(19): 4105-4107.

Alejandro Bernal, Deborah A. Kimbrell. ***Drosophila Thor* Participates in Host Immune Defense and Connects a Translational Regulator with Innate Immunity.** *Proceedings of the National Academy of Sciences of the United States of America.* 2000, 97(11): 6019-6024.

Dale L. Clayton. **Circadian and Geotactic Behaviors: Genetic Pleiotropy in *Drosophila melanogaster*.** *Journal of Circadian Rhythms.* 2016, 14(1): 5, pp.1-5.

L. Erlenmeyer-Kimling, Jerry Hirsch. **Measurement of the Relations between Chromosomes and Behavior.** *Science.* 1961, 134(3485): 1068-1069.

Irina V. Ogneva, Stepan N. Blyakin, Svetlana V. Sarantseva. **The Development of *Drosophila melanogaster* under Different Duration Space Flight and Subsequent Adaptation to Earth Gravity.** *PLoS ONE.* 2016, 11(11): e0166885.

Michael J. Texada, Rebecca A. Simonette, Cassidy B. Johnson, William J. Deery, Kathleen M. Beckingham. ***yuri gagarin* Is Required for Actin, Tubulin and Basal Body Functions in *Drosophila* Spermatogenesis.** *Journal of Cell Science.* 2008, 121(11): 1926-1936.

Katherine Taylor, Deborah A. Kimbrell. **Host Immune Response and Differential Survival of the Sexes in *Drosophila*.** *Fly.* 2007, 1(4): 197-204.

Katherine Taylor, Kurt Kleinhesselink, Michael D. George, Rachel Morgan, Tangi Smallwood, Ann S. Hammonds, Patrick M. Fuller, Perot Saelao, Jeff Alley, Allen G. Gibbs, Deborah K. Hoshizaki, Laurence von Kalm, Charles A. Fuller, Kathleen M. Beckingham, Deborah A. Kimbrell. **Toll Mediated**

Spaethe. **Immediate Early Genes in Social Insects: A Tool to Identify Brain Regions Involved in Complex Behaviors and Molecular Processes Underlying Neuroplasticity.** *Cellular and Molecular Life Sciences.* 2019, 76(4): 637-651.

Seika Takayanagi-Kiya, Taketoshi Kiya. **Activity-Dependent Visualization and Control of Neural Circuits for Courtship Behavior in the fly *Drosophila melanogaster*.** *Proceedings of the National Academy of Sciences of the United States of America.* 2019, 116(12): 5715-5720.

Atsushi Ugajin, Takekazu Kunieda, Takeo Kubo. **Identification and Characterization of an *Egr* Orthologs as a Neural Immediate Early Gene in the European Honeybee (*Apis mellifera* L.).** *FEBS Letters.* 2013, 587: 3224-3230.

木矢剛智，堀沙耶香，竹内秀明，久保健雄「**ミツバチの“ダンスコミュニケーション”の神経基盤の理解にむけて**」，『蛋白質 核酸 酵素』2008, 53(11): 1368-1374.

宇賀神篤，佐々木哲彦，小野正人「発生期のミツバチ脳における初期応答遺伝子 *Egr* の発現解析」，『玉川大学農学部研究教育紀要』2018, 2: 5-8.

第2章　有名人にあやかる

1　ユーリイ・ガガーリン——ゲノムの中の宇宙飛行士

遺伝子名　*yuri gagarin*（略称：*yuri*）
論文発表年　2006年
研究に使われた生物　キイロショウジョウバエ
どんな遺伝子か　重力を感じとる能力（重力感知）に関わる
命名の由来　世界初の有人宇宙飛行をおこなった宇宙飛行士、ユーリイ・ガガーリンにちなんで。この遺伝子が重力感知に関わること、そして、ガガーリンの宇宙飛行から四十周年の記念日に発見されたことから
研究のキーワード　重力走性

遺伝子名が発表された論文

Libby Fairhurst. **Florida State biologists find key gene in competition between cancer, normal cells.** *Florida State News and Events.* (2010-07-13) https://www.fsu.edu/news/2010/07/13/key.gene/ [accessed 2018-12-06].

2 カクセイ（覚醒）――研究ツールとしての遺伝子

遺伝子名 *kakusei*
論文発表年 2007年
研究に使われた生物 セイヨウミツバチ
どんな遺伝子か 神経細胞が興奮した時に、細胞の中ではたらく遺伝子
命名の由来 ミツバチが麻酔から覚めた（覚醒した）時に脳内で活性化する遺伝子であることから
研究のキーワード 初期応答遺伝子

遺伝子名が発表された論文

Taketoshi Kiya, Takekazu Kunieda, Takeo Kubo. **Increased Neural Activity of a Mushroom Body Neuron Subtype in the Brains of Forager Honeybees.** *PLoS ONE.* 2007, 2(4): e371.

参考文献

Nozomi Fujita, Yuka Nagata, Takumi Nishiuchi, Makoto Sato, Masafumi Iwami, Taketoshi Kiya. **Visualization of Neural Activity in Insect Brains Using a Conserved Immediate Early Gene, *Hr38*.** *Current Biology.* 2013, 23(20): 2063-2070.

Taketoshi Kiya, Atsushi Ugajin, Takekazu Kunieda, Takeo Kubo. **Identification of *kakusei*, a Nuclear Non-Coding RNA, as an Immediate Early Gene from the Honeybee, and Its Application for Neuroethological Study.** *International Journal of Molecular Sciences.* 2012, 13(12): 15496-15509.

Claudia C. Lutz, Gene E. Robinson. **Activity-Dependent Gene Expression in Honey Bee Mushroom Bodies in Response to Orientation Flight.** *Journal of Experimental Biology.* 2013, 216(11): 2031-2038.

Frank M. J. Sommerlandt, Axel Brockmann, Wolfgang Rössler, Johannes

遺伝子の詳細情報と参考文献

人名、遺伝子名、掲載誌名等の表記は各文献に従った。

第1章　日本語

1　マージャン（麻雀）——「和中折衷」の遺伝子名

遺伝子名　*mahjong*（略称：*mahj*）
論文発表年　2010年
研究に使われた生物　キイロショウジョウバエ、イヌとヒトの培養細胞
どんな遺伝子か　細胞どうしの生存競争である、「細胞競合」という現象に関わる
命名の由来　四人で卓を囲んでおこなうゲーム、麻雀にちなんで。日本語と中国語の両方で通じる言葉であること、また、周りの細胞との戦いに関わる遺伝子であることから
研究のキーワード　細胞競合

遺伝子名が発表された論文

Yoichiro Tamori, Carl Uli Bialucha, Ai-Guo Tian, Mihoko Kajita, Yi-Chun Huang, Mark Norman, Nicholas Harrison, John Poulton, Kenzo Ivanovitch, Lena Disch, Tao Liu, Wu-Min Deng*, Yasuyuki Fujita* (*equally contributed to the study). **Involvement of Lgl and Mahjong/VprBP in Cell Competition.** *PLoS Biology.* 2010, 8(7): e1000422.

参考文献

Yoichiro Tamori, Wu-Min Deng. **Compensatory Cellular Hypertrophy: The Other Strategy for Tissue Homeostasis.** *Trends in Cell Biology.* 2014, 24(4): 230-237.

Emily Elert. **#18: Helper Gene Makes Cancer Deadly.** *Discover Magazine.* (2010-12-16) https://www.discovermagazine.com/health/18-helper-gene-makes-cancer-deadly/ [accessed 2018-12-06].

ラクレとは…la clef=フランス語で「鍵」の意味です。
情報が氾濫するいま、時代を読み解き指針を示す
「知識の鍵」を提供します。

中公新書ラクレ
742

遺《い》伝《でん》子《し》命《めい》名《めい》物語《ものがたり》
名前《なまえ》に秘《ひ》められた生物学《せいぶつがく》のドラマ

2021年10月10日発行

著者……坪子理美《つぼこさとみ》　石井健一《いしいけんいち》

発行者……松田陽三
発行所……中央公論新社
〒100-8152 東京都千代田区大手町 1-7-1
電話……販売 03-5299-1730　編集 03-5299-1870
URL http://www.chuko.co.jp/

本文印刷……三晃印刷
カバー印刷……大熊整美堂
製本……小泉製本

Published by CHUOKORON-SHINSHA, INC.
Printed in Japan　ISBN978-4-12-150742-6　C1245

中公新書ラクレ　好評既刊

L226
論文捏造《ねつぞう》
村松　秀　著

科学の殿堂・ベル研究所の若きカリスマ、ヘンドリック・シェーン。彼は超電導の分野でノーベル賞に最も近いといわれた。しかし2002年、論文捏造が発覚。『サイエンス』『ネイチャー』等の科学誌をはじめ、なぜ彼の不正に気がつかなかったのか？　欧米での現地取材、当事者のスクープ証言等によって、科学界の構造に迫る。内外のテレビ番組コンクールでトリプル受賞を果たしたNHK番組をもとにした書き下ろし。　**科学ジャーナリスト大賞受賞**

L587
オックスフォードからの警鐘
――グローバル化時代の大学論
苅谷剛彦　著

ワールドクラスの大学は「ヒト・モノ・カネ」をグローバルに調達する競争と評価を繰り広げている。水をあけられた日本は、国をあげて世界大学ランキングの上位をめざし始めた。だが、イギリスの内部事情を知る著者によれば、ランキングの目的は英米が外貨を獲得するためであり、日本はまんまとその「罠」にはまっているのだという――日本の大学改革は正しいのか？　真にめざすべき道は何か？　彼我の違いを探り、我らの強みを分析する。

L658
ハーバードの日本人論
佐藤智恵　著

判官びいきは日本人の特徴か。日本人はなぜロボットを友達だと思うのか。なぜ細部にこだわるのか。本当に世襲が好きなのか。なぜものづくりと清掃を尊ぶのか。なぜ義理を重んじ、周りの目を気にするのか。なぜ長寿なのか。そもそも、日本人はどこから来たのか……。いまだに日本は世界の不思議だ。世界最高の学び舎、ハーバード大学の10人の教授のインタビューを通して、日本人も気づかなかった日本の魅力を再発見できる一冊。